解密
Photoshop + Lightroom
数码照片后期处理专业技法

[美] 马丁·伊文宁（Martin Evening）著　　张淑红　郭院婷　译

LIGHTROOM
TRANSFORMATIONS

U0199715

VOICES
THAT
MATTER™

New
Riders

人民邮电出版社
北 京

内容提要

本书侧重于介绍如何使用Lightroom、Camera Raw和Photoshop图像处理软件将一张非常普通平常的照片调整出大片的效果。本书通过丰富的案例、详细的步骤讲解，使读者在阅读之后，可以了解在Photoshop和Lightroom中导入照片、分类和组织照片、编辑照片、局部调整、导出图像等方面的方法与技巧，提升照片的自然美感，了解专业人士所采用的简单易学的照片润饰技巧。

无论是专业人员还是普通爱好者，都能够通过阅读本书获得灵感，迅速提高数码照片后期处理水平。

致谢

我要感谢我的组稿编辑瓦莱利·维特，她从本书的早期规划到最终确认，一直都在为我提供杰出的指导意见。我还要感谢文字编辑佩奇·内特斯、校对佩特里夏J·简、项目编辑特雷西·克鲁姆，在他们的帮助下，本书才能以优秀的状态呈现在各位读者面前。同时我还要感谢蜜蜜·赫夫特的设计以及詹姆斯·敏金的索引工作。

对于以下几位允许我在本书中使用其照片的摄影师，我也十分感激，他们是安塞尔·希茨克、安吉达·迪·马蒂诺、克里斯·杜克、克里斯·埃文斯、理查德·埃尔斯、古一·皮尔金顿、埃里克·里士满以及法里德·萨尼。我还想感谢Lightroom团队的几位核心成员：约书亚·布里、凯里·卡斯特罗、埃里克·陈、汤姆·霍加提、托马斯·诺尔、马克思·温德特、西蒙·陈、朱莉·柯默奇、朱莉安娜·科斯特、萨拉德·满格里克、贝奇·索瓦达、杰夫·特兰贝里、本杰明·瓦德以及本·茨贝勒。

最后我要感谢我的妻子卡米莉亚和女儿安吉利卡，感谢她们在我忙于本书的调查与写作时给予的耐心支持。

前言

20世纪80年代后期，我请了一位 Quantel Paintbox 的操作员处理了我的一张照片，这算是我第一次接触数码图像处理，我立马喜欢上了这门技术。几年后，随着 Photoshop 的问世，从家庭电脑上处理照片成为可能。记得当时我对搭档说，我必须马上买一套自己的 Photoshop 系统。"你要 Photoshop 干什么呢？"她问。问得好，我为什么需要 Photoshop？我认识的摄影师中也没几个人在用它，我的客户也没有提出数码图像处理的要求。有时候在拍摄广告中会使用数码图像处理，但这总是由服务供应商来完成的，很少有摄影师会自己动手。

尽管如此，我还是攒了几年钱，买了我自己的 Photoshop 用于图像编辑。一开始，我迫不及待地玩 Photoshop 的换头、换天空、特效滤镜等功能，后来等我沉下心来，把它以及后来的 Lightroom 当成数码秘密武器做了仔细研究。现在你很难再看到不使用图像编辑软件的专业摄影师了。目前，我倾向于在 Photoshop 和 Lightroom 里做适度的照片修饰，让照片的人工编辑痕迹不那么明显。对我来说，更重要的是理解如何配置相机以捕捉最佳原始格式文件，以及找到使用像 Photoshop 和 Lightroom 这样的工具来美化图像的最佳方式。本书中我会分享技巧，向读者展示如何释放照片中的潜在力量。

目录

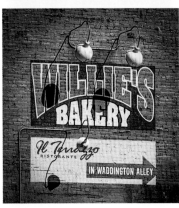

第1章
如何拍出好照片

拍照之前考虑的几个要点

你想说什么

　　这看起来是个简单明了的问题，但是从摄影的角度应该如何理解？照片有各种各样的功能，它可以是一种艺术形式，也可以用作教育、图示、商品销售或记录个人的生活点滴。不管拍的是什么，只要有存在的意义，那摄影就一定存在某种原因或目的。如果是为了享受摄影的过程、拍出漂亮的照片，那用摄影来愉悦自己也无可厚非，但是通过自我审视拍照的目的和是否达成这些目的，可以提高自己的摄影水平。对商业摄影来说，拍摄的照片需要满足客户的需要，而不是自我满足。客户会要求你记录某一场景或事件，表现出产品的最佳效果，或者推销某种理念。为客户拍照是一件费时费力的事情，但却可以提高摄影水平，因为在这一过程中，为了满足客户的需求，你会更加认真地去思考照片要传达怎样的信息。然而，很多学生倾向于拍自己感兴趣的东西，并不苛求拍摄的焦点和原则是什么。如果拍摄的照片并没有传达出客户想要的东西，客户很快就会抛弃你。

　　过去15年来我一直定期为《What Digital Camera》杂志撰写专栏，最近也经常在《Amateur Photographer》杂志上发表文章，评论读者的照片，并分析如何改进。当我开始撰写这些专栏时，数码摄影才刚刚开始流行。当时很多提交

观众有足够的视觉辨识力来区分客观真实的新闻报道图片和分现实存在距离的广告、杂志照片。

的照片是扫描图像或用原始数码相机拍摄的照片。随着相机技术的革新，读者提交照片的品质也得到了显著提升。即使如此，我发现很多摄影师并不能充分利用现有的色彩和色调调节软件。本书将介绍 Lightroom 中的"修改照片"功能，并讲述在何时以何种方法引入 Photoshop，从而最大化地利用图像数据润饰照片。

我在加拿大有一位堂兄马雷克•福田辛斯克（本书后面还会提到他），他是音乐家、制作人和声音工程师。当他与音乐艺术家合作时，他的工作是多音轨录音，利用原始素材制作出特别的东西。我觉得这也是我的工作的本质，不论是拍摄自己的照片，还是在杂志专栏中点评和修改读者的照片。

通常我们会听到摄影师很自豪地说他们的照片并没有经过任何处理，这其中隐含的理念是：经过修饰的照片失去了摄影的本真。但实际情况是，当以 JPEG 模式拍照时，相机内置的处理器替用户完成了编辑过程，这里的缺点是进一步进行编辑的空间很有限（这就是为什么用 RAW 格式拍照更好）。但不管是以 JPEG 还是 RAW 格式拍照，这只是拍出更好照片的起步点。有些人质疑用数码方式修饰照片是否合情合理，但是用 Lightroom 或 Photoshop 编辑照片和在暗房中修改照片实在没太大区别。唯一的不同是可以编辑修改的范围和程度。所以真正的问题不应该是是否该修饰照片，而是多大程度的后期修饰是可以被接受的。

这一问题的答案取决于如何使用照片。在摄影记者中，对于无节制的修饰和可接受的编辑程度存在合理性方面的担忧。大多数新闻摄影师认为，一般的剪切、色彩色调的微调、选择性暗化或亮化以突出重点等编辑是没问题的。不可接受的是利用复制粘贴的方式去除或添加元素，这不包括去除传感器上灰尘造成的斑点。但是，在广告界，摄影和修饰都带有明显的人造成分。我不认为这种模式存在任何欺骗的意味，除非最终效果包含严重的误导，或者打破广告条规。总体来说，观众有足够的视觉辨识力来区分客观真实的新闻报道图片和与现实存在距离的广告、杂志照片。

20 多年前，当我有了第一台计算机并安装了 Photoshop 2.5 时，我使用 Photoshop 的职业生涯便开始了。我见证了 Photoshop 和后来的 Lightroom 从早期开始的使用和发展，看到它们如何影响摄影师处理照片的方式和方法。我参与的大多数商业项目都同时涉及影棚摄影和 Photoshop 修饰两个领域。这是我谋生的方法，也帮助我发展出一条全新的职业道路——作家。但是，相比于图片编辑，我从心底里更喜欢一些更简单的方法。当今有很多杰出的 Photoshop 艺术家，比如伯特·蒙罗伊和埃里克·约翰森，他们的 Photoshop 作品令人叹为观止，我个人更倾向于尽量少地使用 Lightroom 和 Photoshop。这听起来很容易，尤其是当你理解了如何在拍摄阶段就尝试捕捉最佳的照片细节，然后再以微调的方式使用 Lightroom 和 Photoshop 调整照片的外观效果时。

当以 RAW 格式拍摄时，所有其他内容，比如白平衡、色调调整、颜色校正、减少杂色及锐化，都可以在后期处理时进行调整。

最优品质的必要步骤

最低限度是使用推荐的最低 ISO 设置，以及合理的快门速度和光圈设置来拍摄物体。这反过来也取决于所使用的镜头和图像传感器的像素密度。在本书接下来几章中我会具体介绍这一内容。除此之外，还要确保照片中焦点部分清晰对焦。当以 RAW 格式拍摄时，所有其他内容，比如白平衡、色调调整、颜色校正、减少杂色和锐化，都可以在后期处理时进行调整。这些是技术达到完美的关键步骤。

选框取景

拍摄阶段中，当镜头光圈、快门速度和对焦调整好后，合理的选框取景也很重要。最关键的是通过选择视点，并根据所选择的镜头最终确定拍摄视角。在任何情况下，通常都有几个不错的视点可选，但是不好的视点却有成百上千个。很难总结出一个适用于所有情形的最好视角，但是在这里可以提供一些窍门和建议。

关键的重点区域必须清晰可见

为了确保拍摄对象清晰地显示出来，通常需要靠近拍摄对象，或者使用长焦镜头使拍摄对象更多地占据取景框。初学者通常犯一个错误：站的位置太远，疑惑为什么照片中朋友们看起来那么小。应该确保尽量减少照片中那些分散观众注意力的元素。这就是视角选择很关键，寻找不同视点很重要的原因。如果打算进行外景拍摄，可以借助地图来计划可能的最佳拍摄角度，想一想照片中的风景元素是如何排列分布的。到达目的地后，在放置三脚架之前，要做的第一件事情就是探索和尝试所有可能的视角。在影棚中，设置灯光之前永远应该先考虑相机的位置。再次强调，相机固定在三脚架上之前，我永远都是手持相机，探索和尝试所有可用的视角。

引导视线进入画面

寻找某些视觉元素，让它们帮助引导视线进入画面，或者通过填充空白或非空白区域来更好地平衡构图。例如，在较低的视角下拍摄可以使干扰视线的前景或背景弱化。同样道理，以较低的视角近距离拍摄可以使拍摄对象显得更高，并更多地占据画面。也可以使用场景中的元素引导观众的视线。对于绘画和照片的构图如何决定观众对它们的解读，摄影师蒂姆·弗拉赫有一些有趣的观点。他观察到，古典画家通常会使用一些视觉技巧，将观众的视线从画面左侧延伸到画面中央。这些方法有时候非常难以察觉。**图1.1**是我拍的一张照片，可以看到照片左侧有几个点，从这些点出发，视线可以被引导到照片中央的树的位置。我不会说摄影师是通过精密计算才这样拍摄照片的。当时我正好在这个公园里，我的位置、光线都恰到好处，此时恰巧有个男孩沿着迷宫线骑单车。我拍了很多张照片，最后选出了这张，因为我更喜欢它。只有当事后重新审视这些下意识的选择时，才会明白为什么有些构图比其他的更为出色，经过更多的练习后，拍摄的选择将成

图1.1 这张照片中，观众视线可以从画面左侧几个点开始，逐渐进入画面中央。如图中红线标示

为一种直觉。

虽然鱼眼镜头呈现的图像可能是扭曲的，但这可能与人眼观察周围世界时的效果更为接近。

在画面中寻找形状

在任何情况下，一张照片中都会有你想强调的元素。除了主要拍摄对象，通常会想把其他某些物件也包含到照片中，或者，在特定的位置上，有某些特定角度肯定比其他更好，因为在这个角度下照片更加平衡协调。在任何给定情形下，你都希望寻找最优拍摄角度。在画面中寻找可以充当边框的元素，比如一棵倾斜的树或门框。这些都是显而易见的例子，而更多的是那些比较微妙的方法，比如通过使用光线和阴影来构造画面。本书第 5 章中将提供一系列实例，介绍如何通过重新调整原始画面中元素的位置来构建更好的构图。

光

光是极其重要的。摄影师可以用光线引导观众的视线，以强化或淡化某些区域。外景拍摄时，一天中的时间点和天气至关重要。拍摄地风景可能发生显著的变化，通常，早晨、深夜或多云时拍摄效果最佳。对于其他类型拍摄对象，影棚中的灯光可以在需要的地方增加强调，并掩盖需要隐藏的地方。在彩色反转片时代，拍摄阶段的光线至关重要，因为万事俱备的机会只有一次。黑白和彩色负片出现后，在洗印阶段，通过减淡加深来调整光线的灵活性增加了。不管是用反转片还是负片拍摄，打光的理想方法是，确保总有补充光补充阴影部分，同时使用主光提供光线塑形。这种方法在今天的数码摄影中仍然适用，因为拥有一个基本的补充光源可以在突出或减弱阴影细节上有更多选择余地。

透视

聚焦在相机传感器上的图像是现实世界的抽象呈现。相机镜头的设计者们一直以来都致力于如何改变进入相机的光束的方向，使最后的图像从传感器中心到边缘都能清晰聚焦。同时，直线性透镜中的镜头光学经过设计后，使得现实场景中的直线在照片中也呈现为直线。这一点也可以通过使用 Lightroom 或 Camera Raw 中的镜头配置文件校正功能得到优化。当图像中的直线不弯曲，圆圈不变成椭圆时，其视觉效果是令人愉悦的，但这其实是对现实的扭曲。虽然鱼眼镜头呈现的图像可能是扭曲的，但这可能与人眼观察周围世界时的效果更为接近。我们的大脑负责处理观察到的图像，是它将直线"看成"直的。但是当用二维图像表示三维场景时，其实是在某种程度上操控角度（见**图 1.2**）。风景摄影师总是快速且宽松地对待透视原理，你也可以这样做。本书第6章中将展示如何使用自适应广角滤镜选择性操控图像的透视。

图1.2　左上角的场景是用全画幅鱼眼镜头拍摄的，它未经修正，所以能看到扭曲的曲线。可以将以这种方法拍摄的照片处理并制作成直线图像（如右上角照片所示），而下面的图像是由360°全景拼合视角拍摄的

打破常规

其实完全可以无视关于摄影构图的经典规则，跟随自己的直觉拍摄。失去阴影或高光部分的细节，用极端广角镜头拍摄人像，或日上三竿或阴雨蒙蒙时外出拍摄，这些完全没问题。你的所作所为不应该有任何束缚。规则只是引导，如果打破规则可以有更好的收获，那就很棒。

图像选择和分级

拍摄完成后，接下来很重要的一步是选出最佳照片。摄影师一般每周都会拍摄上百张照片，如果不及时进行合理的编辑，最佳照片很容易就会无处可寻。Lightroom是完成这项任务的最佳选择。将照片导入Lightroom后，便可以用0～5星来标记照片。拍完照片后最好尽快完成这项工作。对于要舍弃的照片，我不标记星级（即0星），并将其他感兴趣的照片标为1星。然后，我进行一次筛选，留下1星照片，然后将其中最好的照片标为2星。有时候我会进一步标出3星照片，但是在目前的阶段我倾向于不打4星或5星，因为我觉得最好把更高的星级留下来，4星或5星是为那些可以收入作品集的最佳照片预留的。

通常最好等预览渲染完成后再查看照片。如果想对拍摄照片的品质做一个主观的评价，那么需要在照片处于某种最佳状态下进行评价。你会在本书接下来的部分中看到，在默认的修改照片设置下，许多照片看起来不一定有吸引力。如果在同一地点拍摄了一系列照片，你可能只会处理第一张照片，然后将设置同步应用到其他照片，等待渲染，然后通过星级进行评价。或者开启Lightroom的应用自动色调调整功能。

寻找全新的视角

通常想要一次就找出最佳照片是很困难的。先查看照片，隔天再编辑照片是一种不错的方法。当查看照片时，大部分人倾向于关注到某些具体的事情上。例如，在一次时装拍摄中，我发现服装设计师总盯着服装，发型师总关注发型，而模特则不断地检查自己的外形效果。至于摄影师，她可能只关注光线和构图，但实际上她应该检查照片中出现的方方面面。新手摄影师倾向于透过不完美之处，以一种不同于他人的角度呈现的图像。因此，我们有必要训练自己以外人的角度看照片。这也是我们需要批评家评论自己作品的原因。

我觉得最好把更高的星级留下来，4星或5星是为那些可以收入作品集的最佳照片预留的。

举个例子来说明这一点。数年前，伦敦 AMV BBDO 事务所的艺术总监找到我，让我帮他们完成一个广告竞赛。竞赛的主题是环境保护，艺术总监想出的创意是"一条鱼在被污染的水中拼命呼吸是什么感觉？"他的想法是让一个人在塑料袋中窒息。简单讨论后，我请我的朋友马丁·索恩来帮忙，他是一位喜剧演员，我们计划当天晚些时候就拍照。我找到几个塑料袋，将我住处的一个房间用作临时摄影棚。我在墙上和天花板上布置了几盏钨丝灯，希望光线打到塑料上后会有很好的反射效果。我用中画幅胶片相机和 140mm 镜头在最大光圈下拍摄，所以照片有一种浅景深的良好效果。

马丁·索恩建议用食物保鲜膜替代塑料袋，在拍摄过程中摆出相当令人触动的表情。**图 1.3** 所示是其中一组拍摄小样。第二天我将照片拿给艺术总监看，并且

图1.3 "酸雨"系列的拍摄小样之一

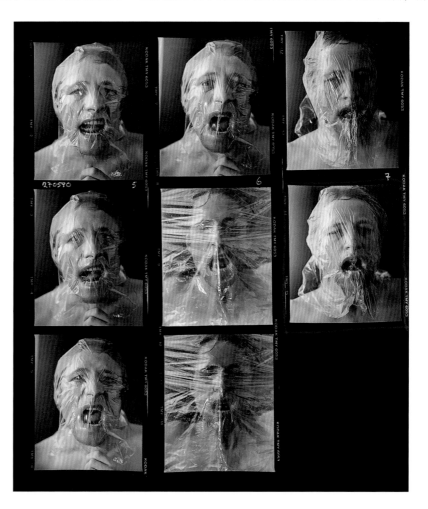

图1.4　最后用于广告竞赛的照片。我们想展示一条鱼拼命在酸雨污染的水中呼吸是什么感觉

和他一起筛选了照片，留下那些表情比较夸张的照片，比如**图1.3**所示小样中最左边一列的照片。几个小时后，事务所的创意总监艾尔弗雷德·马尔坎托尼奥打来电话告诉我他发现有一张照片中模特看起来没有摆好姿势。在所有拍摄过的几卷胶卷中，这是唯一一张马丁看起来像真的要窒息一样（见**图1.4**）。仔细想想，这显然是整个拍摄系列中效果最好的一张，但我和艺术总监都忽略了它，我们都感激有其他人从全新视角提出建议。

我想说

　　回到最初的主题——你到底想说什么？对于一张有意义的照片，拍出来并不等于万事大吉。拍出一张技术上来讲完美的照片是一件好事，但是如果它没有传达任何信息，那有什么意义？过去15年间，我大概分析过业余摄影师读者发来的数百张照片。让我觉得好的总是那些在讲故事或使用了全新视角的照片。我也曾证明过，每一张好照片中总有潜力可以变成更好的照片。即使有些视角不甚完美，构图有点混乱，但在后期处理阶段，我们可以做很多事情，类似于在传统暗房中所做的事情，赋予照片以生命，给予照片以阳光。本书中的例子证明初始照片离最终效果只差几个滑块的调整，这也是为什么我们要完全理解这些滑块的作用以及何时该使用它们。并且，我们还会讲述何时适合使用Lightroom，何时该用Photoshop。

　　简而言之，这就是本书要讲的内容。我希望能教读者了解照片中哪些元素是最重要的，如何使这些元素凸显出来。相比于部分摄影师的所作所为，用Lightroom和Photoshop优化照片被公认为是一种有节制的方法，但是它的效果则是不可限量的。

第 2 章
优化

从拍摄中取得最佳效果

2

从相机到打印

为了得到最佳的拍摄效果，你肯定需要投资购买最高配置的相机和镜头，此外还需要学习如何有效运用这些设备，如何避免养成那些会给图像质量带来致命影响的坏习惯。本章主要介绍如何在拍摄阶段取得最锐利的图像，以及如何使用Lightroom修改照片模块下的控件优化锐度、降噪、优化色调和颜色输出。我还会介绍理想的工作流程，即先使用Lightroom再使用Photoshop，最后再使用Lightroom，以及如何使用Lightroom的打印模块优化图像以满足打印要求。

本章的主要目的在于帮助读者建立合理的工作流程，使得从拍摄到打印输出的每一个阶段中，Lightroom和Photoshop里的操作对原始格式照片的损害都能降到最低。这些步骤并不复杂，许多还能设置为自动调整，这样每次往Lightroom导入照片时，程序就会自动进行必要的镜头校正和颜色配置文件设置。还可以让Lightroom自动根据拍摄照片的快门速度，对照片进行不同程度的降噪处理。在打印阶段，Lightroom内的许多设置，甚至在系统层面，都要配置正确。但是使用一个简单的预设就能记录下所有设置，使打印变得简便且效果始终如一。

我有意把本章的指导做得尽可能简单。我提供了最佳实践案例，也说明了这些案例的背后逻辑，这样读者就能清楚地理解问题在哪里，如何最好地解决它们。

镜头光圈与快门速度选择

影响镜头锐度的因素

想要取得最佳的图像质量，就需要你能买得起的最好的光学设备。这一点很容易理解，但正确运用镜头也同样重要。随着传感器像素值的不断上升，正确使用镜头就变得越发关键。为了不白费高分辨率图像传感器，镜头的细节分辨能力要到达能充分利用这些额外的像素才行。总的来说，定焦镜头比变焦镜头更好，因为它含的玻璃镜片更少，且已经经过优化以适应某一个特定的焦距。尽管如此，最近的一些变焦镜头也确实能提供卓越的锐度，能与一些定焦镜头媲美，甚至优于定焦镜头。当然，此类变焦镜头是很贵的。如果你有兴趣，想比较一下光学性能，可以去网络上查一下镜头评价结果。

传输质量与镜头的最大光圈有关。光圈越大，或者 f 值越低，镜头就越亮。使用 f/1.2 的镜头时，在大光圈下通过单反相机的取景器看到的景色与实际亮度几乎无差别。用这类镜头在大光圈下拍摄的好处是，景深会很浅，照片会有大画幅的感觉。

大多数镜头在光圈位于 f/8～f/16 时表现最好。每个镜头情况不同。使用最大光圈时，图像中部的锐度可以接受，但边缘就不那么锐利了，同时景深也会最浅，也就意味着正确对焦很关键。光圈调在中间挡时，你会发现从中间到边缘的锐度很平均，镜头整体是处于最锐利的状态。景深也会增加，营造出除了最锐利的对焦点以外，其他元素也在焦内的感觉。使用最小光圈后，镜头的锐利程度会降低。这是由于小光圈引起的光线衍射造成的，它柔化了对比度，图像看起来就不锐利了，有点像眯着眼睛看东西的效果。

另外，用最小光圈拍摄增加了景深——有时候取得更大的景深比较重要，这样许多元素就能位于锐利的对焦内。还有一种流派认为使用最新高分辨率传感器拍摄时，虽然小光圈会降低锐度，但是在后期时，用 f/16 或 f/22 拍摄的照片能更多地进行锐化编辑，得出的锐化效果与用 f/8 拍摄的无异。

因为景深增加了，使用更激进的锐化调整也不容易让效果变得很难看，毕竟画面的所有内容都在焦内。

如果手持照相机拍摄，最慢快门速度一定程度上与焦距有关。一个经验规则是，"快门速度不能比镜头焦距短"。也就是说，如果用50mm镜头拍摄，快门速度不能低于1/50秒。随着镜头焦距的增加，任何相机的抖动都会造成严重后果，因此快门速度就要更快。然而，现在传感器像素更高了，经验规则就要变成"快门速度需要为焦距的两倍"。也就是说，50mm的镜头需要至少1/100秒的快门速度。

图2.1 这张照片使用70~200mm变焦镜头拍摄，影像稳定功能打开，以锁定瞬时动态，快门速度1/1000秒，我还进行摇摄以跟住物体，保持物体锐利

手持相机的方式也重要。单反相机一般要举到眼睛的位置，手肘撑在身体上以提供额外支撑。有些摄影师可能会把无反相机举到空中拍摄再通过背屏取景。我不建议这样做，因为相机会非常不稳定。其他一些无反相机配备测距视窗或电子取景器，这样就可以让相机紧贴身体，与使用单反相机时相同。

一些镜头和相机的系统中包含影像稳定功能，该功能通过镜头或相机传感器的摇晃来实现。后者意味着相机可以搭配所有镜头，而不仅是配有内置影像稳定器的镜头。实践中，该技术效果显著，可以在手持相机拍摄时能再降低几挡快门速度，达到那些一般认为并非理想的速度。影像稳定在用长焦镜头拍摄快速移动的物体时最有用，这时既要能跟住物体，又要有足够的快门速度锁定瞬时的影像（见**图2.1**）。现代影像稳定系统功能健全，但在使用三脚架拍摄时，尤其是长时间曝光拍摄时，我还是倾向于关闭该功能。

如果用三脚架拍摄，那么就拥有了选择更慢的快门速度的自由，除非拍摄物体在移动。这些情况下，可以考虑使用反光板预设。开启该功能后，按下快门按钮，反光板升起，再次按下快门按钮后相机才会拍摄。这样就减少了反光板打开时带来的震动。一般而言，手持相机拍摄时，手吸收了震动。将相机装在三脚架上后则会更容易受到震动影响，因为没有了缓冲。我发现用1/60秒的快门速度拍摄时，问题暴露得最明显。快门速度更慢的话，快门打开时间就足够长，这样震动时间相对整个曝光时间而言就很有限了。

如果快门速度更快，那么短暂的曝光时间足以掩盖震动的问题。只要在有可能的情况下，就提前升起反光板，这样做是明智的，在以接近1/60秒的快门速度拍摄时也是必要的，如果使用的是高分辨率的传感器就更需要这样做。

旋盖UV滤镜可以保护镜头表面不被剐蹭，并防止灰尘进入。然而，如果UV滤镜的质量够高，那它对图像质量反而会有副作用。最明显的就是在广角镜头上。对于长焦镜头，视角或多或少与滤镜玻璃垂直。但是广角镜头的视角更往边缘倾斜，也就是说，光在射入玻璃时有一定角度，因此折射就比从中心轴垂直射入时更多。如果要使用UV滤镜，那就装在长焦镜头上。只要镜头前有滤镜，就要保证拍摄时玻璃是干净、无尘的，对着太阳拍摄时也要小心，因为镜头前的滤镜会让镜头的耀斑更加严重。

虽然比较聪明的做法是确保镜头上没有剐蹭，但一点小剐蹭不会像污点或镜头耀斑那样损害镜头的光学表现。举个例子，智能手机上覆盖着镜头的玻璃上没有保护，一直受到粗暴对待，但这并不影响它捕获锐利图像。但是如果你让玻璃上抹污了，图像则会明显呈现软焦点的感觉。

许多摄影师依赖自动对焦，如果使用的镜头已经根据相机校正了，那么自动对焦很有效。在相机和镜头组装过程中，任何小变动都会对自动对焦的可靠度产生很大影响。所以，如果打开自动对焦后，照片没有想象的锐利，原因可能就是镜头校正有问题。并非所有相机都具备这项功能，但一些专业的单反相机上有自定义菜单，可以补偿任何自动对焦系统中的对齐偏移，并针对每一个镜头使用该功能。设置完毕后，相机就会知道在哪一个镜头上要进行多少自动对焦补偿，对焦就能更准确。可以通过拍摄一张新闻用纸，或者使用镜头校准系统来校正镜头。这个系统是专门用来帮助用户很简单地确定相机自动对焦离测量对焦点是太近还是太远。

需要快速拍摄，没有时间检查对焦或者需要协助来跟拍移动物体时，自动对焦很有帮助。在其他情况下，我还是喜欢手动对焦，能通过相机上的即时取景功能放大即时取景预览来检查对焦是否准确。唯一要注意的一点是，即时取景功能用得太多会消耗大量电量，所以出外景拍摄时要确保带足备用电池。

在 Photoshop 中修复相机晃动对照片的影响

　　要尽可能避免相机晃动，通过打开镜头光圈、增加ISO值 设定值或者提高快门速度就可以做到。又或者，想办法稳定住相机。如果这些办法都没用，现在用Photoshop里的防抖滤镜就能移除相机抖动对照片的影响。老实说，这个滤镜的表现远没有 Adobe Max 大会上放的演示影片里那么激动人心，也很难找到一个地方发挥这个滤镜的作用，直到我看到这张由克里斯·杜克拍摄的照片。照片在清晨拍摄，由于光线不足，很难用1/20秒的快门速度手持拍摄。即便是用广角镜头，这样的速度也几乎是手持拍摄且不使用影像稳定功能的极限了。接下来是用防抖滤镜修复照片的过程。

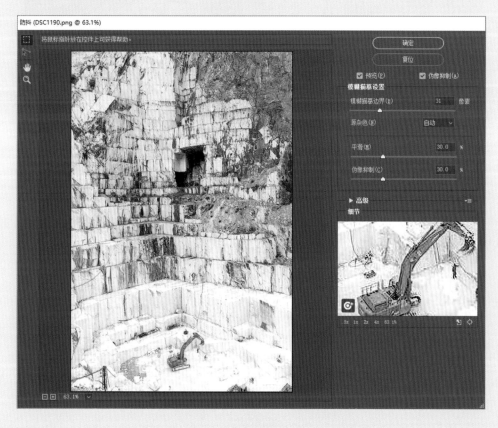

1　用Photoshop打开照片后进入"滤镜"菜单，选择"锐化"→"防抖"。在这个滤镜对话框中有一些选项，但一般使用默认设置就可以了。防抖滤镜会检查图像细节，评估相机移动的模糊描摹角度。一旦确定之后，滤镜会对相机抖动进行去卷积处理，照片就会显得十分锐利。

2 这里是最终图像。下面的放大图展示了在防抖滤镜使用前后的图像对比。仔细看一下会发现一些人工锐化的痕迹，但加了滤镜之后图像好了许多。

无防抖滤镜

添加防抖滤镜后

镜头校正

在后期提升锐度只能在一定程度上解决照片不够锐利的问题，并不能替代在拍摄时使用更好的光学设备所能取得的效果。其他的一些镜头问题包括几何扭曲，即枕形畸变或桶形畸变，会导致图像中的直线看起来像弯曲的一样。镜头暗角是由图像边缘曝光不足造成的，图像四周会因此看起来更暗。另外，镜头还会遇到色像差问题。

横向色像差会导致靠近图像边缘处产生色彩边纹。这种情况在广角镜头中最明显，因为画幅边缘的图像是依靠着以极端角度射入镜头的光而成像的，这些光的角度比图像中心的光要极端许多。因此折射就更严重，不同波长的光的聚焦点会有一些不同。想象一下，我们可以用三棱镜把白光分成彩虹光谱。用胶片机拍摄时，彩色胶片上含有三种色敏感光乳剂。横向色像差那个时代就存在，但是散得更开。用数码相机之后，因为相机传感器上感光单元的排列方式和红绿蓝三通道图像记录方式，横向色像差就更明显了，同时后期修复变得更简单。这种图像可以通过调整单一色彩通道来保证所有颜色在图像边缘都得到记录。

不同波长的光聚焦在最锐利的对焦点之前或之后的不同点时，会引起轴色像差。它在图像的任何部分都会发生，而不仅仅是在边缘处，用最大光圈拍摄时效果最明显。眩光和电荷泄漏（影响老式 CCD 传感器）也会引起轴色像差。这种色像差，如发生在焦点平面前，会呈现紫色或洋红，如发生在焦点平面后，则呈现绿色。不过即使正好落于焦点上，有时也会看到一些紫色边纹（尤其在高对比区的边缘或背光物体的边缘），这可能是由于镜头耀斑所导致的。

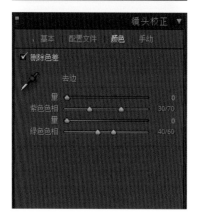

图2.2　镜头校正面板下的基本、配置文件、颜色选项卡

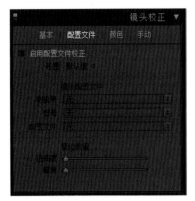

图2.3 如果图像已包含配置文件标签，就会在镜头校正面板的配置文件选项卡下看到以上信息

镜头配置文件

在 Lightroom 或 Camera Raw 里进行镜头校正就能有效改善任何镜头的表现，前提是能编辑原始的全画幅的电子图像（用 RAW 格式是最理想的）。可以使用镜头校正面板的手动选项卡，但是更好的办法是勾选"启用配置文件校正"和基本选项卡下的"删除色差"，配置文件选项卡下也有此类内容（见**图2.2**）。如果 Lightroom/Camera Raw 镜头配置文件数据库支持所使用的镜头，几何和镜头暗角校正就会立即被添加。同样的选项在配置文件选项卡下也有，勾选之后，就会显示镜头配置文件细节，确认制造商、型号和具体使用哪个配置文件（在有条件的情况下，可以选择自定义配置文件）。这些校正能显著提升图像质量。某些相机拍摄的图像会引出**图2.3**所示的信息。即相机文件已经包含了内置的配置文件，因此也就无需勾选"启用配置文件校正"。一些相机制造商，例如松下和索尼在相机里（如松下 DMC-LX3 和索尼 RX100）存储了镜头校正线性原始数据，已经对几何畸变和暗角进行了光学校正。在这种情况下，Lightroom 和 Camera Raw 就知道要关闭镜头配置文件校正选项，因为已不需要校正了。

用 Photoshop 的镜头校正滤镜也能校正镜头。这项功能用的是同一个镜头配置文件数据库。若要有效使用，必须记住，在添加滤镜前不要裁剪图像。还可以在 Photoshop 里以智能滤镜的形式添加镜头校正（既可以通过镜头校正滤镜，也可以通过 Camera Raw 滤镜）。这意味着甚至可以在 Photoshop 里编辑影片，添加镜头校正。

"删除色差"独立于镜头配置文件之外，可以用于任何图像，无论是全画幅原图，还是经过裁剪的图像。这里没有控制边缘的滑块。只要勾选一下就能去除横向色像差。然而，针对轴色像差，颜色选项卡下的去边控件能控制去除的紫色和绿色边纹的量，并能编辑色相滑块范围。接下来的内容介绍了修正轴色像差，其中包含更多操作细节。

修正轴色像差

1 这是处理之前的图像。我想要特别强调一下与轴色像差有关的问题。因此我拍了这些硬币，用的是低倍放大镜头的最大光圈，为了让色彩边纹问题更加明显，我还在基本面板里调高了鲜艳度。

2 第一步就是展开镜头校正面板，在配置文件选项卡中勾选"启用配置文件校正"。这样就根据已知的镜头数据信息，添加了镜头配置文件校正。计算镜头配置文件校正时，还要考虑相机机身。比如说，为全画幅传感器设计的镜头既可以装配在全画幅传感器相机上，也可以用在传感器更小的紧凑型单反相机上。

3 然后展开镜头校正面板的颜色选项卡，勾选"删除色差"。这样就自动计算出需要多少色彩边纹调整。本例中，此项调整后，色彩边纹并未有太多变化。

4 这里就需要用去边滑块了。因为这里的色彩边纹是轴色像差而不是横向色像差。我先修正紫色边纹。按住Alt键，拖动紫色色相上的两个滑块。按住Alt键后，预览上受到影响的颜色会显示成黑色。这样就能精调两个滑块，准确定义紫色边纹的色彩范围。

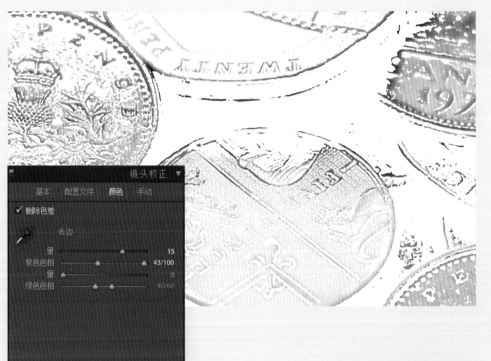

5 调整紫色色量时再次按住Alt键。这里，预览会显示出将受到调整的像素，其他部分则显示为白色。于是在拖动色量滑块时，我就能决定要添加多少调整。

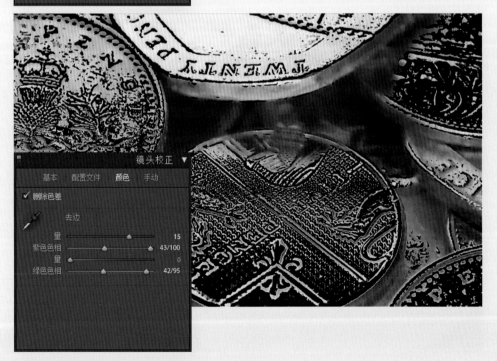

6 绿色色相的调整也同理。按住Alt键再拖动每个滑块，这里受到影响的绿色色相被黑色覆盖。

7 类似地，按住 Alt 键，拖动绿色色量滑块，预览就把所有会被绿色去边调整影响的像素显示成白色。

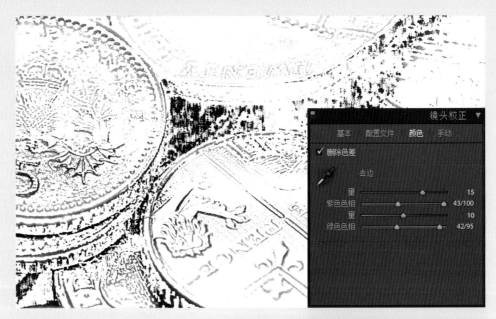

8 这一步，镜头校正已经成功删除了照片中的色像差，包括难处理的轴色像差色彩边纹。然后展开细节面板进行适当锐化，强调硬币的精巧细节。

何时添加镜头校正

在Lightroom里打开RAW格式照片后，添加各类调整的先后顺序并不要紧，不过在其他调整之前先进行镜头校正还是有帮助的。如果想要进行垂直镜头校正，最好要优先进行，这将会在第5章详细解释。启用相机默认设置里的镜头配置文件校正后，甚至能让Lightroom在导入照片文件时自动进行镜头校正。打开Lightroom预设首选项（见**图2.4**），其中就有"将默认值设置为特定于相机序列号"和"将默认值设置为特定于相机ISO值设置"两个选项。

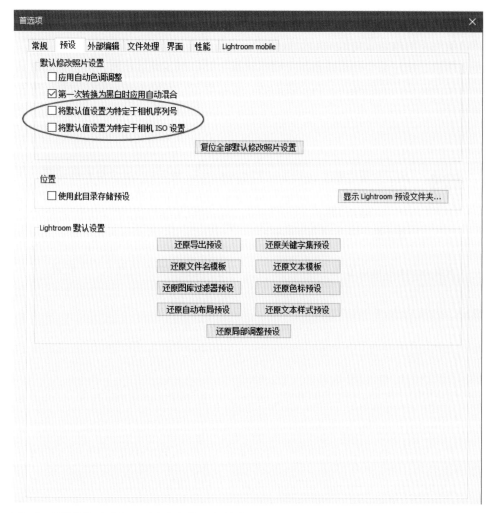

图2.4 预设首选项可以用于选择如何使用默认相机设置；用于所有相机的所有型号，还是某一个特定的相机序列号；使用在所有的ISO值设定，还是特定的ISO值设定

在这之后，给相机图像添加最小程度的设置（如镜头校正设置），然后在修改照片模块下，选择"修改照片"→"设置默认设置"，这样就打开了**图2.5**所示的对话框，其中可以单击"更新为当前设置"。这样就确保为当前文件所进行的设置被记录为新的默认设置，并会根据Lightroom的预设首选项，应用于所有新导入文件。

比如，这里标亮的首选项能让用户自定义默认修改照片设置。把默认设置设定为按照特定的相机序列号使用，就能为不同的相机机身设定不同的默认设置。还可以对每一个相机进行自定义校准从而得以配置不同相机文件。如果想为一些特定的高ISO图像创建含有降噪设置的自定义默认细节面板设置，那么对不同ISO使用不同默认设置的功能就很有用。只需要注意，这些设置是不可撤销的，所以如果已经对某个相机或者某个相机的某个ISO做了默认设置，再做新的默认设置无法撤销以前的操作。有必要的话，可以单击"恢复Adobe默认设置"来完全重置。

图2.5 设置默认修改照片设置对话框

ISO 值设置

想要用更高的快门速度拍摄但无法继续开大光圈时，调高 ISO 值是不错的解决方法。以前调高 ISO 值总会带来降低图像质量的风险，因此总会在"用更低的 ISO 值拍摄以取得更锐利的图像"和"相机抖动或者主体移动带来模糊照片"中有所权衡。现在，我们可以做到兼顾。在很多最新的相机上，可以安全地调高 ISO 值、用任何快门速度拍摄，最后的图像依然是锐利的、可以使用的。对于体育和野生动物摄影师来说，这点尤为重要，因为他们用长焦镜头拍摄，光圈范围有限，快门速度又调得很高。

如果拍摄照片用的是 RAW 格式，那么唯一需要考虑的就是 ISO 值设置。它像一个放大器，控制着模拟传感器的感光度，因为相机传感器其实不是数字的，而是模拟设备，这点很有趣。相机内部的模/数转换器会把模拟信号转化为数字输出。对于传感器而言，总有一个天然最佳 ISO 值能让它保持最佳表现，ISO 值又能用来把感光度调高或者调低。我们无法在后期操纵 ISO 值，无论是用 RAW 格式还是 JPEG 格式，ISO 值在拍摄时就会被固定下来。用胶片拍摄时，ISO 值感光乳剂的感光速率越慢，记录下的颗粒细节就越丰富，也就更适合用于细节摄影。而在数码摄影中，ISO 感光度值越低并不一定会带来更精细的图像。如果想要最佳色调图像质量，要把相机设到它的最佳 ISO 感光度值，可能是 100、160 或 200。这个设定能让模拟传感器达到最佳表现，也就是说，在这个设定拍摄的正确曝光的图像能有最佳动态范围和最少噪点。如果相机的 ISO 值低于这个天然最佳值，结果可能和更高的 ISO 值一样糟糕，因为传感器的感光单元会无法承受这么多的光，传感器就会捕获比最佳水平更少的内容来补偿。这样的结果就是图像变得更颗粒化一些。如果想增加 ISO 值，然后选了一个不高不低的 500，这是一个在数字条件上要求很高的值，可能最后产生的噪点比 800 更多。因此，一个常规建议就是，增加 ISO 值，就要按照天然最佳 ISO 值成倍增加。在佳能相机上，天然 ISO 值大多数情况下是 100，所以最好的设定会是 200，然后 400，再是 800。尼康相机一般的天然 ISO 值是 160，因此最好就增加到 320 或 640，等等。

图 2.6 Lightroom 修改照片模块下细节面板的默认设置。可以使用左上角的小图标（圈出处）打开或关闭细节面板设置

图像锐化

所有图像在拍摄阶段都需要一定程度的锐化，否则就会显得十分柔和。比如说，用 JPEG 格式拍摄，相机的内置图像处理器就会自动进行锐化。如果使用的是 RAW 格式，那么锐化不会自动进行，而会由摄影师来决定具体的锐化程度。在 Camera Raw 和 Lightroom 里，细节面板经过几个版本的演变，已经能提供一套完整的滑块用以控制锐化和降噪（见**图 2.6**）。有了这么多控制选项后，就要理解如何才能发挥控件的最大作用。

图像锐化的关键在于锐化程度要适当，能补偿掉原始图像中的锐度不足。包括 Lightroom 和 Camera Raw 在内的所有 RAW 格式照片处理程序都会对 RAW 格式照片添加一定默认程度的锐化。一些处理软件的锐化滑块可能显示的读数为 0，但实际上，后台已经添加了一些锐化。想要明白我的意思，可以打开一张 RAW 格式图像，把缩放大小设为 100%（在视网膜显示屏上可以设为 200%），然后展开修改照片模式下的细节面板，把锐化滑块拉到 0。在默认锐化和 0 锐化之间切换后就能看到图像间有很大的不同。

剩余的滑块——半径、细节和蒙版——如何调节就要根据你对图像的主观分析了。对于任何照片来说，**图 2.6** 中显示的默认设置都是很好的调整起点，可以根据实际图像内容再进行微调。比如，细节精细的图像使用低半径，如 0.7 是最好的；细节柔和的图像，比如人像使用高半径，如 1.3 才能进行最好的锐化。对于低 ISO 值的图像，可以把所有细节滑块都拉到 100，而高 ISO 值的图像则最好将细节值保持在默认设置的 25。蒙版滑块可以用来给锐化效果添加滤镜，当添加高蒙版值时，锐化会集中在边缘；0 蒙版时，则不会添加任何蒙版效果。人像照片中最好用高蒙版值，以保持皮肤色调不被过度锐化。

图像锐化工作流程

1 这是一张我拍摄的火烈鸟特写。下面一张是放大为200%后细节面板的锐化为0时的情况,显示出原始照片在没有预先锐化时是什么样子。很明显,图像有些柔和,但这也是预料之中的。所有RAW格式照片都需要一定程度的预先锐化。关键在于知道每张照片的最佳设定是怎样的。

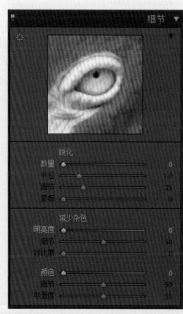

2　在这一步中，我把数量滑块拉到50，比一般会使用的值略高一些。我把半径滑块放在最小值0.5，然后按住Alt键，这样就有了下面的截图，这是锐化效果的灰阶预览。这样就能单独查看半径滑块的修正效果。在分析锐化效果的灰阶预览时，最好将预览缩放设在100%或者更高。

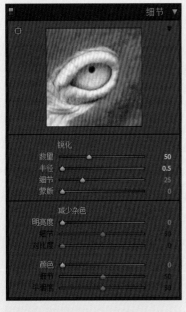

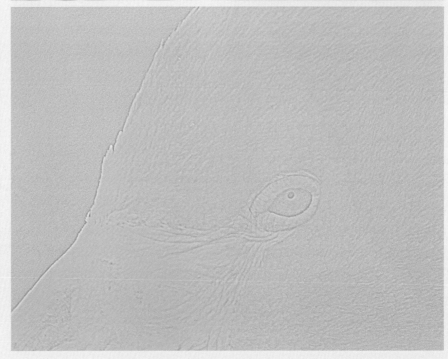

3 我把半径滑块拖曳至最大值3，再一次按住 Alt 键来看半径设置的灰阶预览。大半径的设置可以增强大边缘物体的锐利度，比如眼睛和鸟的轮廓，小半径设置就没有这样的效果。而最完美的设定一般都在两种极端之间。

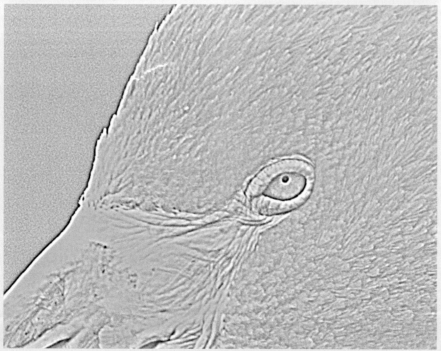

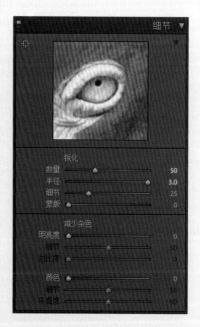

4 在这一步，我感觉最佳的半径设置是0.9，因为这个值恰好能锐化羽毛的边缘。接下来，我想调整细节滑块。从默认的25开始增加细节值，这样就加强了光晕边缘，并能取得更深刻的锐化效果。下图是按住Alt键后显示的细节效果灰阶预览图。仔细看会发现，尽管火烈鸟的细节现在很干净漂亮，但锐化同时也强调了明艳色彩的噪点，绿色背景上的噪点最明显。

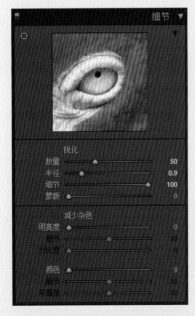

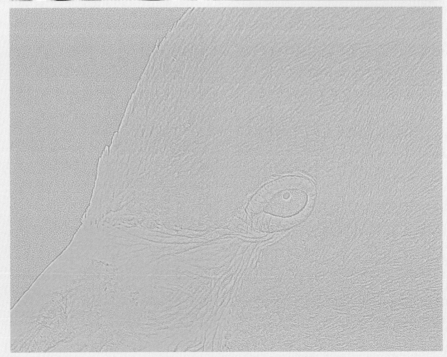

5 为了解决这个问题，我调节了蒙版滑块。还是按住Alt键来查看灰阶预览，这样就能看到蒙版的情况。随着蒙版值的增加，黑色蒙版区域也相应增加。蒙版区域是被保护起来不添加锐利效果的部分。在本例中，我发现蒙版值为50能很好地保护绿色背景不被过度锐化，蒙版预览中显示为白色的则是接受最大程度锐化的部分。

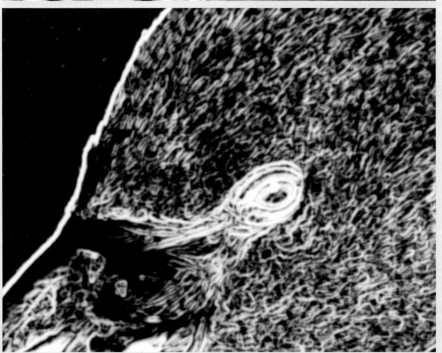

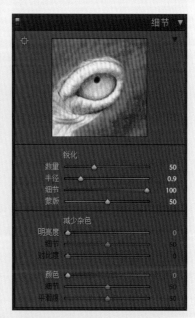

6 最后展开基本面板，调节了清晰度滑块。增加清晰度就能增加中间调对比，这样就能显示中间调区域的更多质地细节。在本例中，我把清晰度滑块设在 +20，刚好能带出更多的羽毛细节。

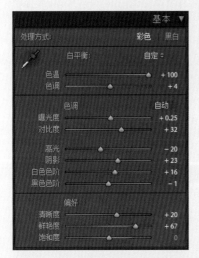

降噪

随着传感器信号捕获内容的增加（因为提高了ISO值），传感器感光度得到提升，这就放大了潜在的噪点。提高ISO值也导致了传感器的动态范围缩小。所以，除非是在不得已的情况下，否则不要把ISO值调得太高，尽管目前的传感器在高ISO值的情况下也能产生细腻的照片。如果把ISO值调到了噪点可见的地步，那就需要用细节面板中的"减少杂色"来降噪修复。

现在要记住的一点是，进行降噪后，图像会被一定程度柔化。锐化图像则会强调潜在噪点。所以，在清除显眼噪点和用锐化控件锐化图像中，要找到一定的平衡。我能给出的最好建议就是从调整明亮度滑块开始。这个滑块可以压制明亮度或者是具有胶片颗粒感的模式噪点。把明亮度提高到恰好能除去大多数噪点即可，不用尝试去调出完美的细腻画面——明亮度增加的越少越好。接下来可以调整细节滑块。它是对明亮度滑块的阈值控制，默认设在中间值50。将其拖到右边会减少细腻度，保留更多细节；拖到左边会让更多的细节区域被错误解读成噪点，从而使画面更细腻光滑。提高对比度滑块设定可以在大的层面加入更多对比。当明亮度设得比较低时（因为噪点的阈值就提高了），对比度滑块会更有效。加大对比度能弱化明亮度和细节滑块的柔化效果，但是与其他主要滑块相比，其效果甚微。

随着光照的减弱，明亮度变低，传感器识别颜色的能力也不断减弱。因此颜色会被错误记录，在去马赛克的图像中显示为色彩斑点。Lightroom和Camera Raw会默认添加25的色彩降噪。这个值足够低，不会对低ISO值的照片形成负面影响，却足够移除高ISO值拍摄导致的明显噪点。如果选择一张高ISO值图像并停用降噪，你一定会发现标准校正版本和非校正版本之间的差别。如果照片用特别高的ISO值拍摄，那可能就需要更大程度的降噪，但锐利的边缘处会因此发生渗色现象。可以通过调节细节滑块（颜色滑块下方）来补偿。把滑块向右拖曳就能防止渗色，但同时也强化了潜在的模式噪点。平滑度滑块处理的是在高ISO值和低ISO值照片中均有可能存在的低频率色彩噪点。

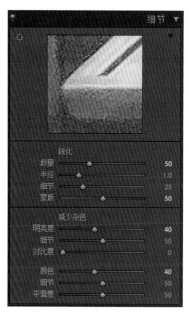

图2.7 包含"减少杂色"设置的细节面板，可以调整以高ISO值拍摄的图像的状态

如何移除莫尔条纹

接下来将会介绍如何在Lightroom中除去图像中的莫尔条纹。莫尔指的是由于光的干涉而形成的图像瑕疵。可以是因为光从光滑表面反射出去的方式使得干涉条纹被记录在最终图像上。如果主体表面的频率与传感器感光单元的频率相同，莫尔条纹会因此被放大。大多数的相机传感器上都覆盖着高通防混叠滤波器，它会少许柔化一些图像细节以减轻莫尔条纹现象。大多数情况下高通滤波器能有效防止莫尔条纹产生，但有时，比如下面这个例子中，它就无法确保最终图像里没有莫尔条纹。举个例子，当尼康发布D800相机时，它还顺便发布了一款不带高通防混叠滤波器的D800E，这款相机的下一代，D810也不带高通防混叠滤波器，索尼α7r也同样不带。把滤波器去除后，拍摄效果会更加锐利，至少也能让图像不需要太多的软件锐化，但代价就是可能会出现莫尔条纹。下面操作展示了如何在Lightroom中使用局部调整修复明显可见的莫尔条纹。唯一的缺陷在于，莫尔条纹的去除十分占用处理器，因此接下来的原始文件处理有可能会变慢。所以最好把移除莫尔条纹放在修正最后一步。

1 这是我从北方岛（Northerly Island）拍摄的芝加哥天际线，照片没有裁剪。我想把焦点放在海岸线和房屋上，于是选择修改照片模块下的裁剪叠加工具，单击并拖动来定义我想裁剪下来的区域。

2 在这张近景照片中能清晰地看到中间建筑物上的莫尔条纹。

3 选择调整画笔，把"波纹"滑块拉到100（如果想去除莫尔条纹就要使用这个设置）。然后在建筑物上涂抹，去除了所有莫尔条纹瑕疵。

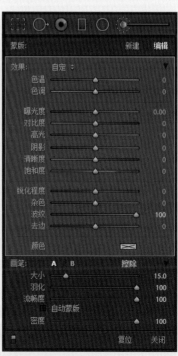

色调捕捉

　　数码相机以线性形式记录光值。一旦传感器图像转为数码后，你会发现曝光度每增加一挡，进入传感器的光就会加倍，传感器会记录两倍的色阶直到曝光度不断增加，传感器无法再记录，图像上的高光开始溢出。简而言之，正常曝光的图像中，高光端大多数的细节信息（大多数的色阶信息）能够被记录下来。高光过度曝光时，只要重要的高光色调区域里有两个或者更多的通道没有溢出，还是很有可能修复高光细节的。同时，阴影端的细节就会尽可能地少（最少色阶信息）。极端情况下，你会发现，只能在有限的范围内修复阴影细节而同时不引起严重的色带或噪点。

　　在两个极端之间就是相机捕捉下来可用的色调范围，被称为传感器的动态范围，可以通过测量阴影端可用数据的极点到高光端可用数据的极点之间的距离来界定。比如说，影像机构DXO labs用了标准化的方法，可能类似于测量两个极点的方法，来测试所有相机传感器，因此它把每个传感器的动态范围都量化了。撰写本书的时候，经过测试的所有传感器中拥有最佳动态范围的是尼康D810和RED的Epic Dragon摄影机，动态范围达到14.8EV（指曝光值或者曝光的挡数）。比起以前单反相机10EV～11EV的动态范围，现在无疑已经进步很多。用动态范围较大的相机拍照时，会有更大的自由去选择曝光度，同时也能在延伸色调范围的同时保证后期的可编辑性。摄影师也可通过包围曝光拍摄来延伸动态范围，每次拍摄两三张照片，每次上升2EV，然后再使用一系列后期处理技术（其中有一些会在本书稍后部分探讨）将照片混合在一起。然而，拍摄时找准曝光度依然很重要。如果觉得最详细的色调信息是在高光端获取的，那么最符合逻辑的做法就是遵照"向右曝光"法则。

阴影或高光可以溢出

　　现代数码传感器给予了拓展高光和阴影色调的空间，但这不代表这么做是正确的。当阴影和高光的平衡被带到极限时，画面是非常奇怪的，因此我们才反对夸张的高动态范围图像处理。要记住，有时让高光或阴影压缩甚至溢出是没有问题的。实际上，对于部分照片来说，如果把注意力放在加强原始场景里的较小的色调范围，最后效果还可能会更好。

1 这张照片拍摄的时候天气晴朗，这是默认色调摄影下的图像情况。问题在于高光有些曝光过度，而阴影细节有些丢失。

2 我们看到这样的场景时，眼睛会自动调节并补偿以适应不同程度的亮度。比如，看着树木的时候，我们会把树木感知为左边这幅裁剪出来的图像；而看着明亮区域的时候，如教堂塔楼，眼睛又会进行自动补偿，所以我们感知到的就如同右边这幅裁剪图。

3 编辑这样的照片时，主要是选择一个曝光度以记录最重要的色调。在本例中，最好的做法，是在保证高光不溢出的前提下，采用最亮的曝光度来记录。让高光和阴影平衡达到第二步的效果，最理想的调整能保留所有重要的高光细节，同时保存所有重要的阴影细节。但不要过度提亮阴影，以防人工痕迹太重。

传感器的动态范围由传感器所能捕获的最亮曝光色阶和最暗曝光色阶决定。位深指的是传感器在最亮和最暗色阶之间所能捕获的色调细节色阶数。

虽然近几十年来图像捕捉方式有所改变，打印出来的图像与暗房冲印出来的图像却拥有几乎相同的动态范围。从A（目标场景）发展到B（打印呈现）这个过程基本一直未变。现在的问题在于，我们有那么多的新工具可以去控制色调、色彩以及每一步，在无穷无尽的选择面前，我们往往会不知所措。想要加强一切图像内容的愿望是强烈的，但如果企图把所有内容都呈现出现，最后的图像可能会无聊且单调或者充满了难看的光晕。

高动态范围HDR技术依然有一席之地，其运用之广泛也超出想象——有些摄影师使用这些技术创作的图像会让人根本想不到是用这些技术处理的。HDR图像处理技术这几年也变得更加精巧。如果拍摄主体是风光，并认为提高动态范围会有帮助，那么用包围曝光每隔2挡拍摄3～5张是可行的方法。我常常发现正常曝光图像就包含所有我需要的色调信息，但是保留源图像，在需求上升时能够扩大动态范围也是不错的。我自己早期的HDR实验并不成功，但也很庆幸花了些时间多拍了些照片，因为现在的HDR混合技术在渲染照片上已经能做得很自然。

位深

位深指的是位数或者数码图像中色调信息的分离色阶数。比如老式数码相机传感器的位深是12，它就包含2的12次幂种颜色，或者每通道4000级色阶。最近的数码单反传感器能捕捉14位深的数据，或者每通道16000级色阶。当传感器能捕捉高动态范围时，高位深能提供更多色阶，效果就是色调渐变更顺滑，色调分离更少。但有一点要记住，就是传感器的背景噪点。如果噪点遮盖住了更高的位深所带来的一切好处，那图像质量终究是没有任何提升的。从实际考虑，大多数传感器都能做到12位，但也有例外；一些最新的传感器已经开始打破这个记录，能够捕捉14位数据确实能带来好处。因为潜在的噪点会变得十分有限，在用天然ISO值设置拍摄时能发现明显差别。

位深又称为复合色彩通道位深。举个例子，一张每通道8位的图像又可以被形为一张24位复合RGB图像。同理，每通道16位的图像就是48位复合RGB图像。因此，如果不讲清楚位深指的是单通道还是复合色彩通道的话，就会给别人造成困惑。更常见的位深还是指单通道。

一般来说，数码传感器捕捉的原始数据至少含有12位可编辑数据，或者最多4000级可用色阶信息。Lightroom的所有编辑都以16位进行（一些内部处理过程甚至是32位的）。因此，当拍了一张RAW格式照片并在Lightroom中处理后，所有的位深信息都尽量可能多地被保存了。由于处理所用的位深比现在任何数码相机能捕捉的都多，这就确保了所有色阶数据在进行Lightroom编辑时也都尽可能多地被保存下来。如果用JPEG格式拍摄，然后位深就被限制在JPEG模式，也就是8位，即每通道256级色阶。这也就是为什么我们建议使用RAW格式拍摄，因为你不但能享受在修改照片模块下充分编辑的自由，还能保留下更多色调信息。

从Lightroom中导出图像时，无论是渲染后的输出图像还是要继续在Photoshop中编辑的图像，都可以选择是以8位导出还是16位导出。JPEG图像只能保存为8位，但可以用PSD或TIFF格式来保存为8位或16位。在这两种情况下，输出文件中含有的色阶数量都可能比原始图像少。这是因为色彩和色调编辑需要运用原图中的色阶，这样一来渲染后的输出图像中，会有一些区域的色阶被压得更紧，另一些被拉得更开。因此输出文件的色阶是一定比原始文件少的。JPEG原始图像经过Lightroom编辑后以8位导出，其中每通道的色阶往往少于256级。有人会说，如果在Lightroom里优化RAW格式文件，然后用8位JPEG或TIFF格式导出，尽管每个通道只有256级色阶，但这是一张完全优化的图像，无需进一步修正，因此每通道8位足以让这张图像达到网页标准或者打印标准。但是如果想在Photoshop里继续进行图像编辑，还是以16位导出为佳，因为这样在Photoshop里工作时就能继续保有所有原始色阶信息。当以16位TIFF或PSD导出RAW格式文件时，导出版本中会含有尽可能多的色阶。所以，虽然其中包含不了4000级色阶那么多，但也依然比以8位输出的图像更多。

注意

从Lightroom中导出或在Photoshop中编辑时，位深可以选择8位或16位。JPEG照片是以8位拍摄的，因此无需再选择16位（把半品脱液体倒进1品脱的瓶子里，得到的还是半品脱）。如果源图像包含大于8位的数据，比如12位，选择16位TIFF是有好处的，因为这样能把8位中无法保留的信息保留下来。

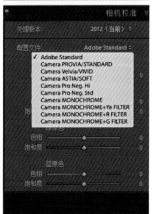

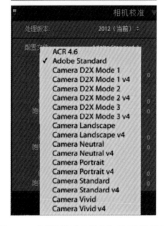

图2.8 相机校准面板上显示的佳能 EOS相机（上）、富士X-Pro1（中）和尼康D700（下）的配置文件选项

以16位导出和编辑的缺点是，16位文件大小是8位的两倍，虽然如今的存储系统容量大，也不是很需要额外花钱买硬盘了。在Lightroom里管理文件时，只有对那些大型照片——尤其是需要额外Photoshop编辑的——才需要从RAW格式衍生导出16位图像文件。16位图像的打开和保存耗时更长。无论是上传还是从服务器下载，大文件也更耗费时间，在最终的输出阶段你会更倾向于以8位导出。就比如说，所有必要的图像编辑都是在Lightroom里完成的，之后如果有必要，再进Photoshoo以16位TIFF格式编辑。

Lightroom RAW格式处理

用RAW格式拍摄时唯一要考虑的就是取景，确保图像足够锐利，并选择最佳ISO值、快门速度和光圈大小。用JPEG格式拍摄，相机就会自动配置很多参数，从色彩样式到降噪程度再到锐化程度。如果用RAW格式拍摄，所有这些参数都是多余的，因为在后期处理时可以轻易推翻，只需要正确选择白平衡即可。

校准设定

把照片导入Lightroom时可以看到，图像的预览图一开始是一个颜色的，然后会突然更新，预览颜色就不同了。这是因为用RAW格式拍照时，相机也会产生一个JPEG格式的预览，并把它放在RAW格式文件的最顶端。用相机的LCD屏幕看照片时看到的就是JPEG预览。这个预览还被用来计算LCD直方图，所以在相机上看到的直方图并不能精准代表相机捕捉的RAW格式图像。因此也不要完全相信曝光过度警告。有的时候一些区域的曝光严重过度，任何细节都看不到，但更多时候能在这些警告区域完美恢复色调信息。

相机内置的预览会被Lightroom用来产生图库模块下的最初预览。展开相机校准面板中可以看到，当前相机传感器配置文件被选定为Adobe Standard（Adobe标准，见**图2.8**）。

配置文件下的选项由相机型号决定。选项里一直会有Adobe Standard，这个配置文件提供的是标准校准，由Adobe公司的Camera Raw团队创建。在一些案例中，这个配置文件是根据测试过的相机实例集合而成，用意就是为Lightroom和Camera Raw的调整提供一个合适的基准线，让调整从一个经过校准的、色彩为中性调的图像开始。在选项列表中还有Camera Standard，即相机标准配置文件。它旨在让图像看上去和刚刚导入RAW格式文件时看到的默认预览渲染一致，在此渲染中，默认相机标准样式是被选中的。其他的相机配置文件选项会根据相机的变化而变化，旨在让图像匹配每个相机菜单中提供的样式效果。所以，如果觉得导入RAW格式照片后，照片的感觉不太对，而你又恰恰喜欢相机内置的JPEG预览效果，可以在配置文件菜单中选择Camera Standard来重现这个效果，并且，正如之前提到的，把这步操作放到默认修改照片模块设置中。或者，比如说你喜欢Camera Landscape，即风光样式，或者Camera Velvia/Vivid，即生动样式，可以选择相应配置文件。如果愿意的话，也把这步操作保存在此相机的默认修改照片模块设置。

要记住，选择的相机配置文件或图像样式只是色调和色彩校正的起点。对于大多数的校正工作，我建议选择标准配置文件：Adobe Standard（在机身上运用Adobe的校准），或者制造商的Camera Standard，这也是为各个相机定制的标准校准，但产生的渲染基本会比较饱和。它的效果不错，但不是所有的拍摄主题都适合饱满的色彩。你还可以自己为相机定义一个配置文件。可以查询一下一个免费的程序，叫DNG Profile Editor，来获取更多以信息，程序可以从Adobe官网获取。

基本面板调整

第一步是优化图像的色调的色彩。大多数情况下，我认为最佳顺序是先调整基本面板，以获得一个基准设定，图像的色调范围可以根据需要被扩大，也可以被压缩，直方图面板所显示的直方图应含有各个色阶。完美的直方图并不一定代表色调平衡也完美，但直方图却是一个有用的起始参考点。一张照片可以只需要一些基本面板色调调整。甚至还能单击基本面板的自动色调调整按钮来看一下程序会自动给出怎样的设置，这个设置是否改善了图像，随后再根据自己的喜好精调。也可以保存一张截图或一份虚拟副本。

修改照片模块的预设面板位于修改照片模块界面左侧，导航器面板下方。

应用相机配置文件

修改照片模块下的相机校准面板包含如下图所示的下拉菜单，可以从菜单中选择理想的相机配置文件。可以把某种配置文件作为默认修改照片模块设定的一部分（见**图2.5**）。还可以创建修改照片模块预设，在预设中，照片配置文件是处于以被选中的状态。可以在保存好的相机配置文件预设上快速滑动鼠标，这样就能预览不同的相机配置文件选项所带来的效果。

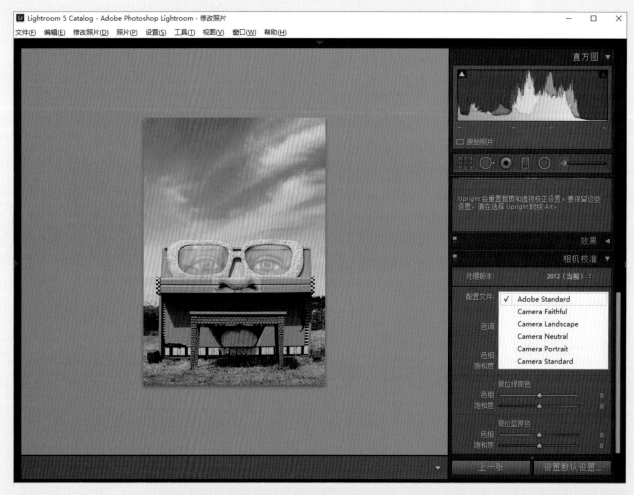

1 这是在Lightroom修改照片模块下打开一张照片，所有设定都在默认状态下的界面截图。在相机校准面板，可以看到用佳能相机拍摄的RAW格式照片使用的配置文件选项。目前选中的是Adobe Standard。

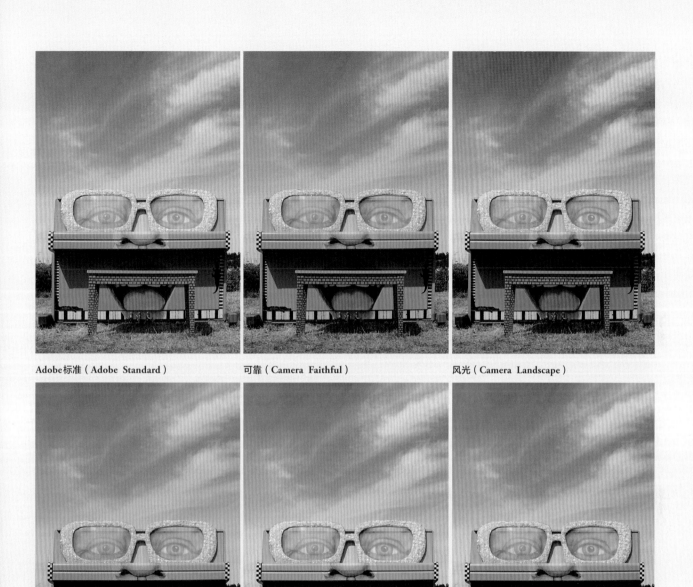

Adobe标准（Adobe Standard） 可靠（Camera Faithful） 风光（Camera Landscape）

中性（Camera Neutral） 人像（Camera Portrait） 相机标准（Camera Standard）

2 这里可以看出此佳能相机不同配置文件间的区别。第一步中提到过，目前没有进行过任何其他面板的调整。这里的配置文件选择是其他修改照片调整的起点。

加入到 Lightroom 目录里的图像可以折叠为堆叠。进入图库模块选择"照片"→"堆叠"→"折叠全部堆叠"即可成功设置,选择"照片"→"堆叠"→"展开全部堆叠"即可取消设置。在需要组合一系列照片时,比如全景图或 HDR 堆栈,还有时移照片时,这个功能就特别有帮助,因为会涉及几百张照片。本节中会提到如何配置 Lightroom,以便在外部编辑器编辑的照片能自动和原始图像堆叠。

二级修改照片模块调整

起始色调设置完毕之后,可以使用色调曲线和 HSL/颜色/黑白面板进行其他图像编辑。这是第二步编辑,是对起始设置的精调,以创造更加有创意的解读,而不是仅仅是给照片添加"完美"的校正。

从 Lightroom 中导出后使用 Photoshop 打开

基于之前提到的所有原因,每次选择"照片"→"在应用程序中编辑"→"在 Photoshop 中编辑"时,最好将 Lightroom 的外部编辑输出格式首选项设置为 16 位 TIFF 文件。如果照片每条通道都含有许多色阶,何必在切换到 Photoshop 编辑时就把它们扔掉呢?如果接下来在 Photoshop 中还要编辑色调和颜色,哪怕只是一些微调或者局部调整,就更没有理由把编辑限制在 8 位图像上,因为 16 位才能尽可能地确保图像的完整性。

选择"照片"→"在应用程序中编辑"→"在 Photoshop 中编辑"后,就能在 Photoshop 中打开一张原始图像的渲染版本,不过只有选择"文件"→"在 Photoshop 中保存"后,才会把它作为新版本保存下来。之后文件格式和压缩设置(外部编辑首选项中已经配置完毕)才会发挥作用。保存之后,该版本也会自动添加到 Lightroom 目录里,并保存在原始文件的 Lightroom 文件夹位置。如果"堆叠原始图像"(见**图 2.9** 圈出处)被勾选了,保存后的渲染版本会和原始图像堆叠在一起,不过前提条件是使用的 Lightroom 和 Photoshop 互相兼容或者都是最新版本。如果用的是 Lightroom CC 和 Photoshop CC,最好的解决办法就是检查一下是否给两个程序都安装了最新的更新。如果用的是永久性许可证 Photoshop,没有办法更新以匹配最新的 Lightroom,就会看到**图 2.10** 所示的对话框,需要做出几个选择。单击"仍然打开"就会让 Photoshop 直接打开图像,不经过保存。这样没有问题,只要在 Lightroom 里没有加入任何在 Photoshop 的 Camera Raw 增效工具不兼容的调整。如果添加了调整,则可以单击"用 Lightroom 渲染",这样 Lightroom 的 Camera Raw 就会创建一个渲染后的副本,供 Photoshop 打开。这里的不同之处就在于,选择"照片"→"在应用程序中编辑"→"在 Photoshop 中编辑"(之后单击"用 Lightroom 渲染")这个过程中总会创建一个渲染文件。

还有一个选项是在外部编辑程序中打开 Lightroom 文件。可以在外部编辑首

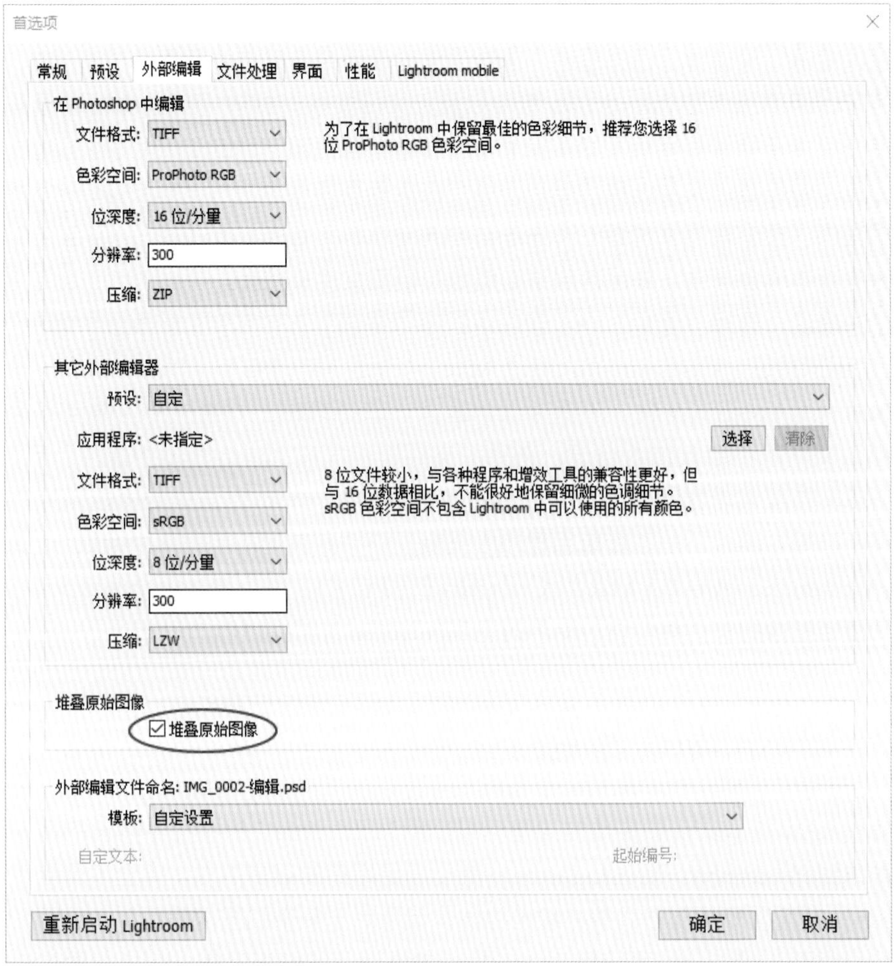

图 2.9　Lightroom 外部编辑偏好，可以在此设定用于 Photoshop 编辑或者其他外部程序编辑渲染图像的具体情况

图 2.10　如果 Lightroom 和 Photoshop 的 Camera Raw 版本不匹配，就会看到此对话框

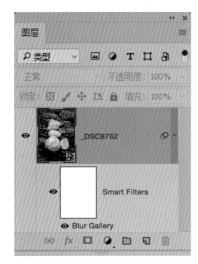

图2.11 可以在Photoshop中以智能对象打开Lightroom的原始照片。在这张图层面板预览中，能看到图层上有一个智能对象标识：双击后打开Camera Raw对话框，会显示已应用的Lightroom修改照片模块设置，还能调整此设置。可以在Photoshop中给智能对象添加滤镜。在本例中，我给原始图像智能对象添加了模糊画廊滤镜

选项中看到这个选项，在这里选择的设置会反映到Lightroom"照片"→"在应用程序中编辑"菜单中，也就是说，首选项里的设置会在菜单中列出。

还可以用旧版本的Photoshop渲染Lightroom文件，或者用其他像素编辑程序。首选项中还能选择用相同版本的Photoshop，但使用不同的TIFF文件压缩或位深。无论做什么，只要选择"照片"→"在应用程序中编辑"，然后选择一个外部编辑程序，或者使用快捷键Command+Alt+E(Mac)/Ctrl+Alt+E(PC)，那么一个渲染后的版本就会产生，并保存到原始图像的相同文件夹位置。

总的来说，选择"照片"→"在应用程序中编辑"→"在Photoshop中编辑"（或者使用快捷键，Commmand+Alt（Mac）/Ctrl+Alt（PC）），Photoshop一般会直接打开RAW格式文件，不保存任何渲染，以待编辑。如果关闭图像且不保存，那么文件就不会被加入目录。选择"文件"→"在Photoshop中保存"后，Lightroom外部编辑器就会配置文件，并保存到Lightroom目录里的原始照片的文件夹。选择"照片"→"在应用程序中编辑"→"在其他应用程序中编辑"（快捷键：Command+Alt+E（Mac）/Ctrl+Alt+E（PC）），就会产生一个渲染文件，保存到原始图像的文件夹位置，使用的是Lightroom外部编辑器的设置。

Photoshop 图像编辑

编辑RAW格式文件的最佳方式是尽量使用Lightroom，只有在不得已的情况下才导出到Photoshop。现在Lightroom就能满足用户的很多需求，完全不用使用Photoshop。可以添加局部调整、移走物体，但是对于复杂的图像编辑，还是要在某个阶段离开Lightroom而转用Photoshop做更艰巨的修饰工作，这样能更加快速、高效。

我喜欢尽量让每一步的操作都不损伤图像。只要选择了在Photoshop中编辑图像或者把图像以TIFF文件格式导出再编辑，就不能回到Lightroom再去调整原始的修改照片设置，因为在创建TIFF渲染图像时，各种设置就已经固定了。一旦如此导出文件，在Photoshop中所做的一切修饰都以这张TIFF渲染图像为起点。

明白了这点之后，我们也要知道，把照片从Lightroom中以智能对象导出也是可以做到的。具体程序就是在Lightroom里选择RAW格式照片，来到照片菜单，选择在应用程序中编辑，再选择在Photoshop中作为智能对象打开。这样就能在Photoshop里打开Lightroom的原始图像，并保留它的原始图像状态

（见**图2.11**）。图像打开之后，可以双击智能对象图层，在弹出的 Camera Raw 对话框中修改所有的 Lightroom 中添加的 Camera Raw 调整。这种操作流程就能让你在用 Photoshop 打开照片的同时依然能修改 Camera Raw/ 修改照片模块的设定。可以在 Photoshop 中编辑一张原始格式智能对象照片，在添加大多数的 Photoshop 图像调整和滤镜之后，依然可以再次编辑原始图像设置。

不过也有个问题，这样的操作会让程序变得很慢，每次改动基层 Camera Raw 设置后都要花一段时间才会在屏幕上显示出更新的状态。更要紧的是，要是在一个空白新图层上使用了 Photoshop 的修饰工具（比如污点修复工具和修复画笔），就不能改变基层智能对象的设置了，否则所有上方图层的画笔作业都会失效。在 Photoshop 中以智能对象打开原始图像是有一些好处的，但是由于上述局限，当从 Lightroom 切换到 Photoshop 时，这么做不太实际也不会特别有帮助。不过智能对象 / 智能滤镜在一些特定的 Photoshop 图像编辑中还是能发挥很大的作用。

调整图层

不让 Photoshop 编辑对图像造成损伤的最简单的方式就是充分利用图层和调整图层。在图像背景图层上方的空白新图层上，最好先用仿制图章和修复画笔。如果想在已经被编辑过的图像区域上继续编辑，那么最好先把所有已完成的调整合并成一个可见的图层，然后再继续编辑。举个例子，可以先移除多余的污点，再把所有可见图层合并到上方一个新图层里，再继续用画笔工具编辑，然后把图层的不透明度降下来，以混合画笔调整和污点调整。理想状态下，调整图层应该放在像素修饰图层上方，这样它们就可以马上被用到下方图层上（即剪辑组），或者用到所有下方可见图层上，或者被覆盖上蒙版，用于选中的区域。**图2.12**所示是一个简单的图层组例子，污点图层在背景图层上方，画笔图层在污点图层上方（不透明度降到了70%），一个蒙版曲线调整图层位于图层组的最上方。这里体现了 Photoshop 图层的一些基本原理，对于简单或复杂的组合图像都适用。

尽量减少调整图层的数量也是有好处的。一旦在图像上加了好几个全局调整图层，而又想把图层合并起来，最后的结果是一系列调整的堆积，而非混合。假设有一个曲线图层，下面是色阶图层，再下面是亮度和对比度调整图层，把图层合并起来的效果和打开一张图像，进行亮度和对比度调整，然后调整色阶和曲线的效果是一样的。这种做法显然不好，因为每一步都会使图像质量有所下降。

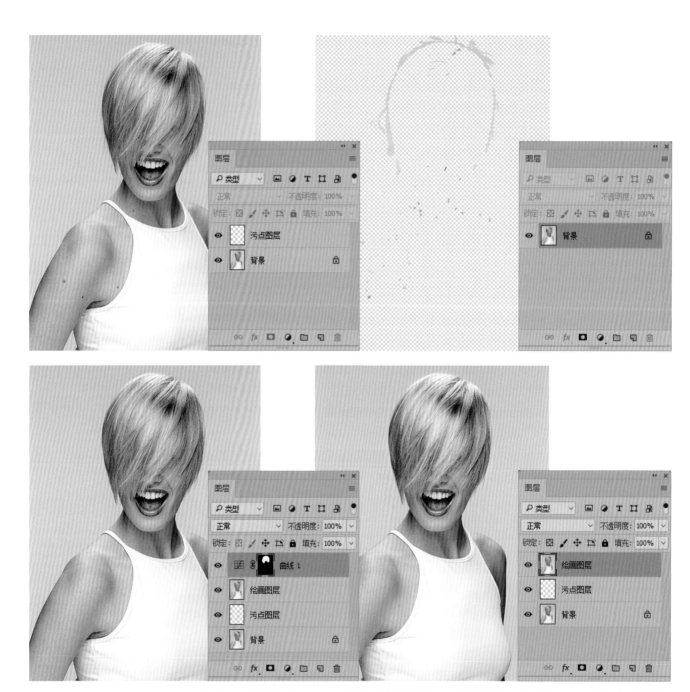

图2.12 这里是在Photoshop中修饰人像照的步骤。左上方所示为一张从Lightroom导出的已经优化过的图像，只有背景图层。旁边添加了一个污点图层。左下方所示为正在用画笔工具编辑合并图层，图层不透明度降到70%。接下来是最终版本，图层组最上方是蒙版曲线调整图层

考虑到亮度、对比度、色阶和曲线调整可以由曲线调整一次完成，最佳解决办法无疑是把所有调整在一次曲线调整中完成。这和应用蒙版图层调整还不太一样，因为是在用调整图层调整图像的某个区域，而不是调整全局。往往能看到图像上添加了很多调整图层，那是因为每个调整图层只调整图像上很小的一块区域，一旦合并后也不会对图像有副作用。

继续在 Lightroom 里编辑

每次用 Photoshop 编辑并保存照片后，Lightroom 会更新已经加入目录的渲染像素图像预览。在 Photoshop 编辑完成后，图像可能不需要其他调整了。但如果恰好还需要一些修饰，总能重新在 Photoshop 中打开并继续编辑，也可以使用 Lightroom。

要根据自己偏爱的图像编辑工作顺序决定。一些摄影师觉得打开了 Photoshop 之后，接下来的一切都要在这里面完成。但其实在 Photoshop 里完成工作，把图像存回 Lightroom 目录后，可以对这张经 Photoshop 编辑渲染后的 TIFF 图像再进行修改照片模块调整。我一般会在 Lightroom 中进行起始图像处理，再用 Photoshop 编辑渲染后的 TIFF 副本，做一些复杂的修饰，然后保存回 Lightroom，有必要的话再进行更多精调。就比如说想要打印照片，我们建议在打印前先软打样（会在本章后面继续讨论这个问题）。一般来说，软打样处理会要求用户用 Lightroom 修改照片模块的控件再做一些调整以在打印前再次优化图像。创造一张黑白照片的话，如果黑白转化是在最后才发生的，那么也有必要保留一张具有当前调整内容的彩色照片，所以在这类情况下，我会在 Lightroom 里进行起始优化，然后用 Photoshop 编辑（照片依然是彩色的），再保存添加到 Lightroom 目录。回到 Lightroom 之后，我会用 HSL/颜色/黑白面板里的黑白混合控件进行黑白转化。这样的话，如果我觉得我喜欢这张照片的彩色效果，只要最后把 Lightroom 里的黑白转化移除就行了，或者更有可能的是，创造一张截图或虚拟副本，这样就能很容易地获得一张照片的彩色和黑白版本。

色彩管理

为了方便不同设备管理色彩，需要一套色彩管理系统。只要 Lightroom 内安装了色彩管理系统且相机支持该系统，Lightroom 就知道如何解读 RAW 格式文件并正确显示颜色。相机传感器能捕捉的色彩可能比显示屏上显示的、打印出来的或者人眼可识别的更多。因此 Lightroom 用了广色域的 RGB（红绿蓝）色彩空间来管理所有内部色彩计算。懂这一行的人就知道，色彩空间是基于 ProPhoto RGB 空间的，也就是说，它能处理任何相机所能捕捉的任何颜色，并能在不产生任何移除的前提下保存两个颜色间的色彩关系。虽然说对于内部图像处理这样的色彩空间就足够了，但是必须要把它转换成二级 RGB 空间后，我们才能看到屏幕上显示的图像。用来查看图像的电脑显示屏的色域和相机的色域比起来更有局限性，因此这里的关键在于确保图像处理不会限制原图的色域（使用广色域 RGB 空间确实会限制原图色域），并且在色域有限的电脑显示屏上看到的图像尽可能精确。为了达到这个目的，就不得不进行一定的色调压缩，有时还要有一些色彩溢出，让色域外的颜色能适应色域较小的显示屏。

基本 LCD 显示屏的色域可能和 sRGB（标准红绿蓝）相近。这是个很小的色域空间，几个颜色，尤其是绿色和青色，是溢出的。如果在 Lightroom 中用 sRGB 显示来编辑原始格式照片，Lightroom 在处理中会尽可能保留原图色彩，但是在预览编辑时就要通过很有局限性的 sRGB 色域。专业 LCD 显示屏的色域与 Adobe RGB 空间相近。也就是说，在屏幕上能看到更多细节，预览中的色域能与传统 CMYK 空间相媲美。用这些显示屏做印前工作是很好的，也能胜任希望显示屏的色彩表现足够优越的任何照片编辑。

如果要打印，打印机的色域也各有不同。传统的照片喷墨打印机色域比相机小，但和显示屏差不多。再提醒一次，专业彩色显示屏能给色彩编辑提供更好窗口，但不会完整地显示出最后的打印效果。Lightroom 的软打样功能可以帮助解决这个问题，因为软打样能让你看到修改后的预览，预览上根据所用的相纸的配置文件添加了滤镜，但显示屏的局限就意味着不能看到所有效果。不过只要在 Lightroom 编辑，就能打印所有的原始文件，无论显示屏上是否能看到那些颜色。所以很显然，用的显示屏越好，打印结果越佳，使用高质量显示屏工作是很重要的（见本章后面的图文"不同色彩空间比较"部分）。

在 Photoshop 中编辑图片时，你的目标应当是尽可能地保留原始色彩信息。这就是我推荐在首选项对话框中（见**图 2.9**）将色彩空间配置为 ProPhoto RGB 的原因。ProPhoto RGB 是一个超广的色域空间。它就和 Lightroom 中使用的 RGB 空间一样，能够轻易容纳所有被相机捕获到的色彩。在渲染 TIFF 图像时，通过将原始格式文件转化为 Photoshop RGB 格式，你就能在 Lightroom 和 Photoshop 的不断切换中尽可能多地保留色彩信息。如果你处理的所有图像都将从 Lightroom 中生成，那么恰当地配置 Lightroom 的外部编辑好十分重要，同时 Photoshop 的颜色设置也需要被正确配置（见**图 2.13**）。在这里，我推荐把 RGB 工作空间设为 Photoshop RGB，并确保在色彩管理方案中，选择了保留嵌入的配置文件。

ProPhoto RGB 及其在 Lightroom 的变体能提供完美的各种空间，能让你尽可能保留下色彩信息。即便是黑白照片，它们也能确保图像数据在转化为打印输出空间的过程中，阴影区域的色调能保留地更好。当然，从头到尾一种用 16 位也是非常重要的（Lightroom 本身也就是这样的设置）。

但是，若把照片交付他人的话，工作空间上用 ProPhoto RGB 并不是最合适，除非你百分百确定接受者知道如何处理 RGB 图像。如果照片要交付网站使用，你在输出时一定要把工作空间变为 sRGB，这是因为 sRGB 是供网站使用的标准 RGB 工作空间。在把照片交予客户或者照片实验室的时候，sRGB 也是一个保险的选择，不过如果你确信接受者不会移去嵌入的配置文化，那么 AdobeRGB 也值得考虑。

小贴士

Photoshop 的颜色设置中，若 RGB 工作空间不是 ProPhoto RGB 也没有关系。更重要的是，你要把色彩管理方案设为保留嵌入的配置文件，并在 Lightroom 的外部编辑偏好中，把色彩空间设为 ProPhoto RGB。

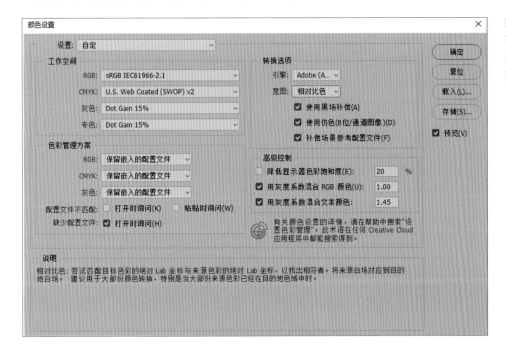

图 2.13 Photoshop 的颜色设置面板，可以通过编辑菜单打开。此处显示的是自定设置，默认 RGB 工作空间为 ProPhoto RGB

色彩配置文件校正

图 2.14 杰夫·舍韦的人像照，我用它来对比不同色彩空间的效果

如果 Lightroom 支持所用的相机，那就无需配置相机，因为已经有 Adobe Standard（Adobe 标准）和其他基于相机制造商的配置文件可选择。可以为相机创建自定义配置文件，拍摄爱色丽色卡并用免费的 Adobe DNG 配置文件编辑器程序编辑即可。具体细节可以查看前面的"校准设定"部分。

如果想要更准确的颜色，必须校正使用的显示屏。可以使用色度仪。想要自己创建打印机配置文件，一台发射光分光光度计很能帮到你，但你不用花这个钱，因为校正一下显示屏，一台好的色度仪足以。运行一下色度仪自带的软件，跟着屏幕上的指示操作，测量并创建自定义显示屏配置文件。

有一点要注意，Lightroom 中判断色彩最有效的方式就是使用修改照片模块。看到的预览是不断在更新的且色彩是最准确的，只是当切换照片的时候，速度会稍微慢一些。其他地方的预览，比如图库模块，是缓存 Adobe RGB JPEG 预览，颜色不准确，切换照片速度也就更快。阴影区域的色差是最明显的，图库模块的放大预览中可能会看到修改照片模块里看不到的色带。

打印机 ICC 配置文件由打印机制造商提供，网上可以下载，或者会随箱寄来，刻录在 DVD 中。第三方打印纸商家可能会提供 ICC 配置文件供安装使用。如果这些渠道都无法获得的话，可以让配置文件供应公司帮助创建自定义打印机配置文件。他们会提供一个色彩目标让你打印（要仔细遵照他们提供的打印指导），打出来后寄给他们，他们会测量并寄给你自定义 ICC 配置文件。我发现如果使用已经有配置文件的普通纸张类型，打印效果会很不错。早些年，每台喷墨打印机的颜色输出会有很大差距，现在就不会了，也就是说，已生成完毕的配置文件适合所有同一型号同一生产商的打印机。

Windows 系统允许 10 位显示屏显示 10 位色彩，而最新的 Mac 系统 10 位深显示是通过抖动实现的。考虑到很多显示屏还是 8 位设备，我们有时会看到色带，但其实基础图像数据中没有任何色带，打印效果也没问题。

不同色彩空间比较

1 这张3D图显示的是饱和深蓝照片的色域（见**图2.14**），由点绘制而成，iMac计算机显示屏的色域通过阴影形状显示。可以看到，大多数的点都落到显示屏色域外。这样的图像在屏幕上看起来还行，但看到的并非是传感器所捕获的色彩的真实情况。色域外的颜色要被压缩，以满足优先的显示屏色域。

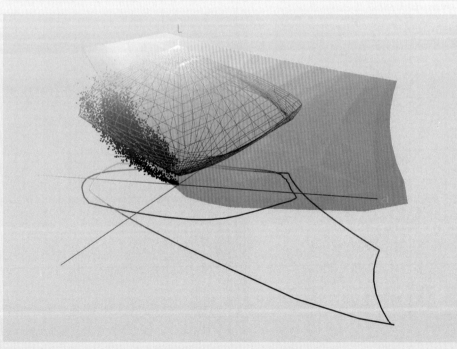

2 这张图包含了一个显示喷墨打印机高光纸输出色域的叠层，即网格框架。请注意看，显示屏无法准确显示色域外的色彩（因为无法复制这些颜色）。然而，当用这种高光纸打印时，打印机可以复制捕获到的大多数色彩，但也无法全部复制。那些色域外的颜色依旧要被压缩到最相近色域内的颜色中。文件中的实际颜色依然可被打印出来，只是哪怕校正了显示屏，也无法在屏幕上看到完整图像。

3 现在来看图像色域、显示屏、RGB 工作空间之间的关系。这张图中，图像再次由点代表，Mac 显示屏的色域由网格框架代表。阴影部分是 ProPhoto RGB 空间。可以看到图像色域落到显示屏色域之外，但是 ProPhoto RGB 空间的超宽色域（Lightroom 编辑空间就基于此）足以容纳其他两者。

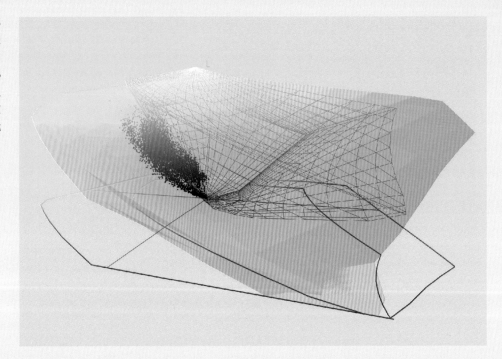

4 同理，对比图像色域和打印输出色域（即网格框架）时也会发现，ProPhoto RGB 会足以覆盖两者。虽然 ProPhoto RGB 看上去无比大，但却保证了在 Lightroom 和 Photoshop 中编辑时，从输入到编辑再到输出，可以有足够空间去管理色彩，而不必担心溢出。并且默认的 Lightroom16 位编辑也确保了切换色彩空间时，数据的转换是绝对准确的。

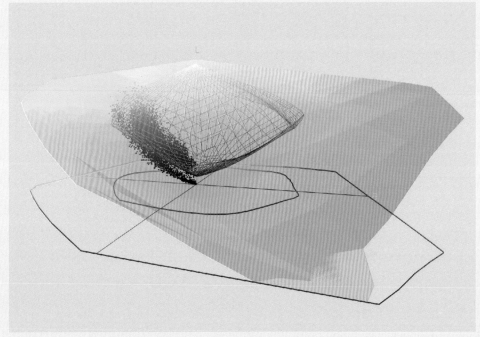

打印输出

Photoshop和Lightroom都能进行高质量的打印，但我个人喜欢用Lightroom。
这是因为Lightroom有以下几个优势：软打样容易获取，能在打印前预览文件，
程序提供自动打印锐化，能自定义打印模板并能在草稿打印模式下轻松快捷地进
行接触式打印。

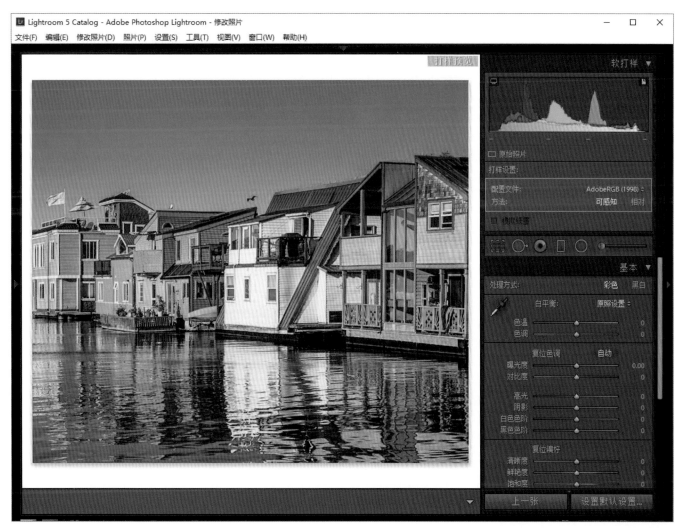

图2.15 在修改照片模块工具栏中勾选"软打样"，即可看到软打样预览、打样设置选项且直方图面
板会变成软打样面板

软打样检查

修改照片模块的软打样选项在工具栏里（见**图2.15**）。勾选软打样选项之后，图像画布上的黑白直方图面板会变成软打样面板，可以在此用打样设置的选项选择理想的打印机配置文件和渲染方法。备选的配置文件由你在打印模块打印作业面板中所选择的决定（见**图2.16**的指导）。选定打印配置文件后，预览就会显示所选的配置文件和渲染方法所得出的打印效果。每次选择新的配置文件后，软打样预览就会相应更改。经过打印输出预览过滤后，可以进行更多修改照片模块编辑，之后又会产生独立于原图的新的软打样副本（虚拟副本）。现在，显示屏色域决定了能够在预览中看到多少实际色彩——有些颜色能打出来但你看不到。这点可能会让软打样显得很没用，但它的预览中鲜艳度确实有变化，尤其是在黑白输出时，也就是说，绝对能参考软打样来补偿对比度。

图2.16 单击Lightroom打印模块打印作业面板的配置文件菜单，选择"其他"后打开以上对话框，可以用鼠标选择特别希望使用的打印配置文件

打印模块设置

准备打印时，请切换到打印模块（见**图2.17**），可以使用右侧的面板调整布局。在打印作业面板的色彩管理部分，请确保选择的配置文件和软打样阶段选择的一致（因此要关闭"由打印机管理"功能），还要确保渲染方法也一致。打印锐化菜单提供了三种选择：低、标准和高，我一般推荐使用标准。再下面是纸张类型：高光纸和亚光纸。这些选项决定了后台会对打印文件做多少自动锐化。你不会在屏幕上看到什么变化，这个功能只是确保打印效果和屏幕所见一样锐利。打印调整部分可以用来补偿最后打印输出的亮度和对比度。这也在后台发生，并不会反映在屏幕预览上。基本上，如果不在色彩管理阶段做任何工作，打印效果会比电脑显示屏上显示的更暗，更不锐利，用这些空间便可以进行补偿。

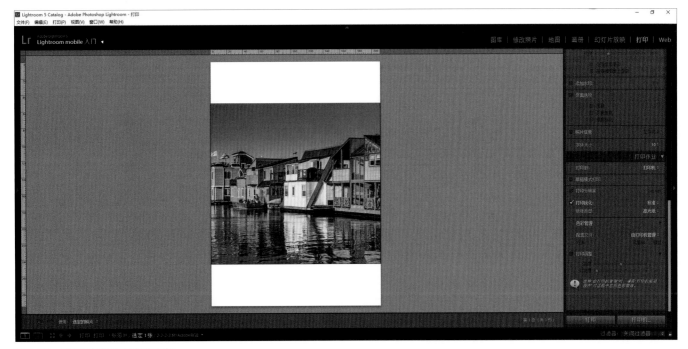

图2.17 打印模块的打印作业面板

页面设置和打印设置（Mac）

1 Mac打印模块的左下角有两个按钮：页面设置和打印设置。首先单击页面设置。右侧就是Mac操作系统的页面设置对话框，显示可选爱普生R2000打印机。纸张大小选择A3+，打印方向选择横向，单击"好"保存。

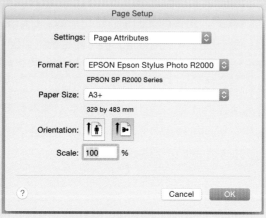

2 下面单击打印设置按钮，弹出爱普生R2000打印机的选项（圈出处），选择纸张类型（Epson高级高光纸）。意外的是，当Lightroom打印作业面板色彩管理选项中选了"由打印机管理"后，Mac操作系统的Epson驱动自动关闭了色彩管理选项。最后，我选择了最高打印质量，单击底部"保存"按钮，返回Lightroom。

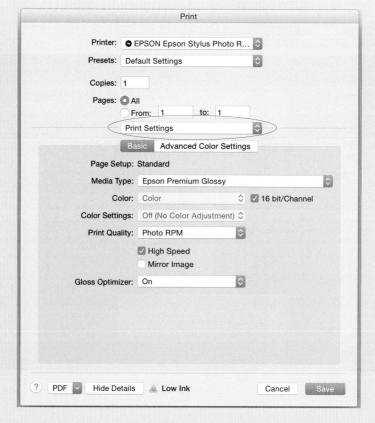

页面设置和打印设置（PC）

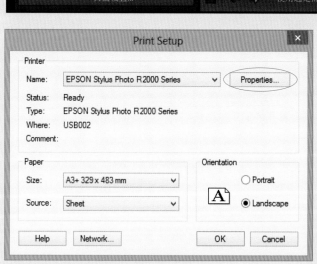

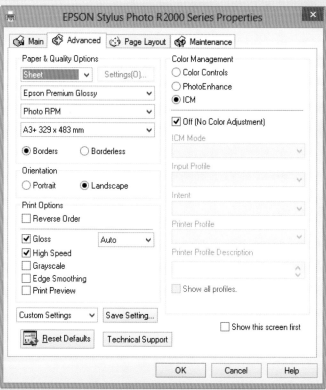

1 Windows PC打印模块只有一个页面设置按钮。单击该按钮，在名称栏选择Epson R2000打印机。纸张大小选择A3+，打印方向为横向，然后单击"属性"按钮（圈出处），打开第二步的对话框。

2 在打印机属性对话框中，单击"高级"按钮，打印纸张选择Epson高级高光纸，并选择最高质量。然后单击"确定"按钮回到打印设置对话框，继续单击"确定"，这些设置就被应用到打印上，并且回到了Lightroom界面。

最终打印系统打印对话框设置（Mac 和 PC）

1 单击打印模块的"打印机"按钮即可打开系统打印对话框，如果是 Mac 电脑，就要再检查预设菜单中选的是否是默认设置。如果没有这么选，纸张设置很可能也是不对的。如果愿意的话可以快速确认一下所有设置。单击选择下方菜单中的"打印设置"，看一下显示的设置是否和之前输入的相符。

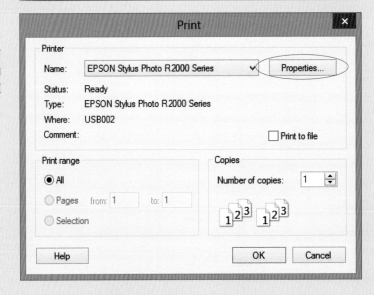

2 在 Windows PC 端单击"打印机"按钮，会打开右侧所示的 Windows 系统打印对话框，其中的设置应和之前输入的无异。可以单击"属性"来确认设置是否相同，不要选择自定义预设打印。

把打印设置保存为预设

配置好一个打印形式后，最好使用打印模块的"模板浏览器"（见**图2.18**）把它保存为预设。Lightroom的一大好处是，在打印模块选择好理想设置后，能用一个预设的形式把一切设置保存下来。打印模板中会包括选中的打印机、纸张大小、方向、类型、质量和用布局样式、图像设置、标尺网格和参考线、单元格、页面和打印作业面板调整的打印布局（包括色彩配置文件、锐化和打印调整）。下一次要用相同打印机和纸张进行类似打印的时候，只要选择合适的模板，单击"打印"或"打印机"按钮即可。打印质量一定和之前的效果完全一致。

当然，也可能想微调一下布局或其他设置。所以一旦为一个打印机创建了模板之后，可以选择这个模板，按要求修改打印模块设置，然后再保存为新的模板。可以看到，选择一个打印模板并改变设置后，现有的这个模板会不再显示为高亮。想要更新改变现有模板的设置的话，右键单击打印模板，在下拉菜单中选择"以目前设置更新"（见**图2.19**）。当保存了一个模板而之后又想修改的话，就可以用这个下拉菜单实现。

作品归档

做好数据备份很重要。至少也要定期把电脑硬盘的数据备份到备份硬盘上。理想状态下要有两个备份盘，这样能切换使用，并把第二个盘留在某个地方。随着数据需要更多的盘来备份，需要再购买硬盘。这个备份系统被称为"一堆盘备份系统"，很有效，实施也简单。只要一个软件管理备份复制，并指导怎么连接外部驱动即可。在Mac系统上，我用的是磁盘备份和同步工具来管理备份。这个程序可以分析来源盘和目标盘上各有什么，只复制目标盘上没有的内容，或者把上次备份后又经过修改的文件更新。有了这个程序，还能创建可启动备份。一旦主系统的硬盘坏了，可以用可启动备份盘来重启它。因此如果有意外的话也能在几分钟内解决。PC用户可以用很热门的Retrospect来管理，它也提供可启动硬盘支持。

图2.18 Lightroom打印模块的模板浏览器面板

图2.19 Lightroom打印模块模板浏览器面板的下拉菜单

文件归档到何处

很重要的一点是要理解，在往 Lightroom 中导入文件时，是把文件复制到一个特定的文件夹中，就像从存储卡中复制文件一样。Lightroom 目录指的是这些文件和对这些文件做的编辑。因此，需要保护导入的文件，就像平常所做的一样。不要觉得它们已经存在于 Lightroom 目录就去删掉它们。Lightroom 目录是一个要常常备份、保证安全的很重要的文件。

存储

硬盘是能买的最便宜又高性能的存储媒介。它是机械硬盘，大量使用之后过几年会老化。因此每几年更新升级一下所有硬盘是明智的选择，如果是开摄影公司则更应如此。一般来说，会发现价格在下降，硬盘大小翻倍了，价格却和原先一样。要达到最佳表现，就不要把硬盘存满。随着数据的增加，硬盘的表现会下降，直到达到 85% 的容量极限。这是因为硬盘驱动执行臂要做很多工作阅读并寻找空白的部分写入数据，读写速度会因此下降。固态硬盘没有移动的部分，因此比普通硬盘的读写速度更快而流行，当然也就更贵了。理想状态下，主要启动驱动和操作系统的运行和应用要以固态硬盘的形式。这样会大大节省一开始写入并打开所有应用的时间。可以把固态硬盘分开，分出一个暂存磁盘仅供 Photoshop 使用。现在，因为传统硬盘的存在，暂存磁盘必须是一个独立的硬盘（比如为了更高速度而使用的 RAID 0）。而固态硬盘中没有机械部分，它速度更快，因此分出一个 40GB 用作暂存也没问题。但是固态硬盘与传统硬盘一样容易损坏，所以在维护备份和更新上也要一样谨慎。

Lightroom 目录文件夹在固态硬盘上的话，它的运行速度会更快。虽然目录文件可能只有几个 GB，预览文件可能达到几百 GB，每次导入时还可能要创建智能预览，这也会很快增加 Lightroom 文件夹的大小。所以一切都取决于要在 Lightroom 里管理多少照片，一幅大型图像的目录需要 250～500GB 的存储空间。因此如果要把目录放在固态硬盘上的话，最好还是再配一个连接速度快的外部固态硬盘，比如 USB 3。

这样做的优势在于，在两台电脑中传送目录会变得很简单，尤其是在导入照片时还创建了智能预览的情况下。再说一次，考虑一下如果存储着目录文件的磁盘坏了该怎么办，要一直有一份最新版本的线下备份。

注意

智能预览能在导入时同时被创建或者选择照片后，单击"图库"→"预览"创建智能预览。智能预览是原图的简易版，可以在Lightroom中代替RAW格式文件。它们是有效失真的DNG原图文件，最长边含有2560像素，在Lightroom目录文件夹里单独归档。

文件格式

这20年来不同的存储格式来来去去，TIFF和JPEG格式却永远都在。尤其是TIFF格式，它非常万能，适合存储修饰后的原图。目前的TIFF 6的技术细节诞生于1992年。每个图像编辑程序都能阅读TIFF格式文件，但在以TIFF保存一些压缩文件时要小心，因为旧版的TIFF阅读器不支持ZIP和JPEG压缩。RAW格式有几百种不同种类，都是没有经过参数编制、独有的RAW格式。因此每个RAW格式文件都要依靠用户独有的RAW格式软件才能打开。虽然Adobe Photoshop Camera Raw/Lightroom和其他第三方程序为这些RAW格式文件提供了支持，这些程序也依靠着持续开发和应用系统支持来保证今天没有参数编制的RAW格式文件能在10年、50年或100年后也能被阅读。

DNG 格式

Adobe为了解决上述问题提供了DNG RAW文件格式。这个格式能用来存档目前Lightroom以标准格式支持的500多种RAW格式的任何一种，且能被好几个RAW格式文件处理程序阅读，其中当然包括Lightroom和Camera Raw。每次导入文件时，都可以选择转化为DNG。还可以在图库模块选择一系列照片，单击"图库"→"转化为DNG"。唯一的前提是，这些导入或者选择的照片是Lightroom重新整理的RAW格式。一些相机甚至提供用DNG拍摄的选项。

DNG格式一开始是为RAW格式文件设计的，但还能用它存档JPEG格式。原因是Lightroom允许用户以RAW格式或者JPEG图像文件格式导入，并在修改照片模块中编辑。因此原图可能是应用了修改照片模块调整的JPEG格式图像。如果想导出编辑过的JPEG格式并保留设置让它们依然可编辑，最佳方式就是以DNG格式导出。这样其他人看到的JPEG图像是带有Lightroom编辑的且依然是可再编辑的（假设他们也用Lightroom和Camera Raw）。同时，用DNG保存的同时也保存下一个Lightroom调整预览，所以在第三方能解读DNG的程序浏览时，能看到正确的预览，即便这个程序的控件和Lightroom或Camera Raw不同。

DNG 格式是一个公开的标准，也就是说，文件格式技术细节（根据 TIFF 格式）对任何第三方开发者都免费公开。除 Lightroom 和 Photoshop 以外还有几个程序也能读写 DNG 文件，这更支撑了 DNG 作为存档格式满足长期文件保存的要求，能让后代打开、阅读这些 DNG 原始数据。哪怕以后 Adobe 不存在了，这个事实也不会被改变，同理，TIFF 格式也能在未来被阅读。

目前我们没有必要转化为 DNG 格式，因为未经参数编制的 RAW 格式文件还是能被广泛阅读的。但长远来看，我们还是有一些顾虑的。主要的操作系统更新能在几年能让老的操作系统和上述的软件被废弃。因此，对这些未经参数编制的文件格式的支持是直接依赖于这些应用。很有可能，Adobe 在 10 年后还存在，但摄影师会问他们，50 年呢，100 年呢？DNG 格式还包含校验和校正功能，可以用来检测那个 DNG 文件损毁了。这对于归档人员很有用，可以用来查看归档文件的状态。DNG 格式还可以使用"快速载入数据"，其中包含了 DNG 文件的标准尺寸预览。这样在 Camera Raw 或 Lightroom 中打开图像的加载速度就更快了。最后，DNG 技术细节允许图像分块，可以让多核处理器的文件数据阅读速度，比阅读持续压缩原始文件更快，因为这种文件只能由一个处理器核心阅读。

转化为 DNG 也有坏处，最明显的就是把 RAW 格式转化为 DNG 所花的时间。用制造商专属的 RAW 格式处理软件会失去处理 DNG 格式的能力，除非选择把 RAW 格式预置在 DNG 中（文件大小会加倍，因为用一张照片存储了两个 RAW 格式文件）。如果把编辑修改保存到 DNG 中，备份速度会减慢，因为备份软件必须要复制整个 DNG 文件而不仅仅是伴随独有的原始图像的 XMP 数据文件。我个人认为，最好让目录文件存储元数据编辑而不是一直重新写入目录文件下的文件。如果有把元数据编辑保存到文件的习惯，要问问自己，"如果发生意外而我要恢复所有元数据编辑，哪一个才是最新版本的？文件里的元数据，还是目录里的元数据？"

第3章
色调与色彩校正

优化图像的一些基本调整

3

色调范围

　　RAW格式的文件能给予用户很大的空间来自由调整色调，近来，由于相机传感器比之前更灵敏，捕捉的色调范围也更大，原始格式的优势就更加明显。早期相机传感器的动态范围有限，因此做到正确曝光就十分重要（如同在透明底片上拍片）。现在，在拍照时的曝光设定不需要完全精确，在调整阴影和高光等细节时也能更加自如。

　　色调和色彩编辑是数码图像处理中最关键的一步。无论图像将用于打印，还是大屏显示，抑或是被当成元素用到另一张照片中，在色调和色彩编辑这一步的操作都将成为其他所有操作成功与否的关键。因此有必要掌握如何在Lightroom里将照片优化到最佳，理解为什么（在大多数情况下）最大限度地突出阴影和高光区域的细节很重要。另外，了解如何控制色彩、使用色彩编辑工具也是非常有益的。这些功能都在"修改照片"模块内，基本面板是进行初步色调与色彩编辑的最佳选择。

　　本章我将带领各位读者学习调整图像的必要步骤，建议先进行色调和色彩调整，使图像达到优化的状态，再以此为起点，进行后续的编辑处理。

色阶 / 曝光调整

对图像进行任何调整都会改变原始像素值。一些色阶在调整中被压得更近，同时另一些被拉得更远，因此常常在调整后损失图像信息。我们在修图时需要做一下权衡。可以不调整图像，那么所有原始色调和色彩细节都会在渲染像素输出中保留；也可以调整色调和色彩，渲染后的图像看起来会更悦目，但质量也会下降。当然，在Lightroom中的任何编辑都是以命令的形式存储的，原始文件不会改变。但是当图像在渲染后以TIFF、PSD或JPEG格式输出时，所做的编辑就会对最终质量产生一定影响。

如果编辑的文件是RAW格式，其中包括，比如说，每条通道几千级色阶的数据，可供处理的色阶信息其实是十分庞大的。即便色阶数量在调整过后有可能减半，那也不是什么大问题。输出图像质量确实会降低，但是大多数情况下剩余的色阶也足够保证打印质量了。只有在黑色阴影区域做了大量编辑后才有可能看到色彩断层或色调分离。这是因为阴影区域的色阶相对较少。

在**图3.1**中，最上面的图像曝光正常，直方图显示此图像色调较平均且范围大，从黑色阴影点开始攀升到暗色调，再到中间调、亮色调，最后下滑到最亮的高光点。中间是将图像调暗后的效果和直方图情况。要注意阴影至中间调区域被压缩了，中间调至高光区域则被拉得更远。这是因为暗色调被压缩了，这块区域的色调分离也相应减少，阴影的对比也不那么强烈。同时，中间调到高光区域对比加大。最下面的图像被调亮了。阴影色阶被拉得更开，中间调到高光区域则被压缩，很明显，中间调到高光现在色调分离更少，缺少对比。

这几个例子说明，在进行图像调整后，原始图像中的众多色阶信息将最终汇集到几个少数的色阶上。若色调被拉长，色阶间会出现空隙。若色调被压缩，许多不同的影调就拥有一样的色阶值。无论是将图像调亮还是调暗，增加或是减少对比，都将会损失一些色阶。

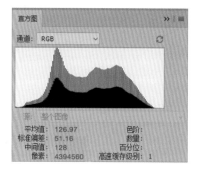

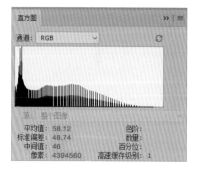

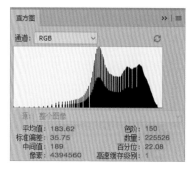

图3.1 同一张图片色阶亮暗调整结果对比

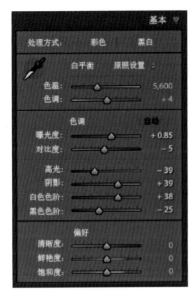

图3.2 控制色调的基本面板

Lightroom 基本面板上的调整

对色调和色彩的编辑大多数都能在修改照片模块下的基本面板上进行。虽然其他面板也很重要，但是基本面板是起点，通过它可以解决很多问题。这是因为它可在较大程度上掌控色阶。基本面板色调区域有6个滑块，分别为曝光度、对比度、高光、阴影、白色色阶和黑色色阶。调整时不一定要按照滑块顺序，但按序调整能达到最佳效果。

曝光度

曝光度滑块与Photoshop色阶对话框中的输入伽马值滑块类似，但Lightroom的曝光度滑块更复杂一些。这是因为曝光度滑块融合了中间调亮度调整和高光修剪警告两种功能。将滑块向右拖曳时，图像亮度增加。持续增加亮度后，白色修剪点会被保留。当高光达到溢出临界点时，亮度会慢慢向高光端滑动，以帮助保留高光处的细节。这种曝光度调整会带来更加细腻、更少色偏的高光。调整曝光度的效果实质上与调整相机曝光后胶片的反应类似，但是曝光度滑块的效果也和图像内容有关。也就是说，只要不刻意将照片调得过亮，在提亮图像时大可不用担心曝光过度问题。如果使用曝光度滑块将图像调得过亮，那么可能会发生一些高光溢出的现象。

同理，如果将曝光度滑块向左拖曳，曝光过度的图像会被调暗，一开始丢失的高光细节也能复原。能复原多少细节取决于传感器的性能。一挡的曝光过度肯定可以修复，一些相机甚至能修复更严重的曝光过度，但总有极限。举个例子，使用哈苏H4D数码后背的时候我发现，我没有很大的余地避免因曝光过度引起的高光溢出（即便有高光滑块帮助调整，这个问题我稍后再谈）。

大多数情况下，曝光度调整最好与其他色调滑块结合以达到对最后色调的全面控制。首先，调整曝光度使图像亮度达到基本正常。其次，调整其他色调滑块时，中间点的亮度不应该受到太大影响。如果愿意，还可以在完成其他滑块调整后，再用曝光度滑块进行精调。

提亮一张曝光不足的图像

优秀的图像编辑是要让最终成片呈现出的景象最接近拍摄那一刻。出于很多原因，照片看起来不会和预期的一致。在这个例子中，原图大约有一挡的曝光不足，所以很明显，我需要使用曝光度滑块将图像调亮。然而我调整曝光度设定的时候需要仔细观察阴影处的细节，因为那里可供使用的色阶更少，如果一下子大幅度调亮照片，阴影中可能会出现噪点。当尝试对曝光不足的照片（比如这张）做曝光补偿时，要在设定最佳修剪点的同时保留阴影对比中那微妙的平衡也是很困难的。请注意，在第一步中，我将对比度滑块设定在-47。这让整体对比度变小，色调变得均匀，然后我才使用扩展色调曲线（第3步）在调整过基础对比的图像上进行操作优化。

Photograph: © Farid Sani

1 这是由法里德·萨尼（Farid Sani）拍摄的原图。能看到，这张照片曝光不足。接下来几步是我调亮此照片并增加对比的过程。

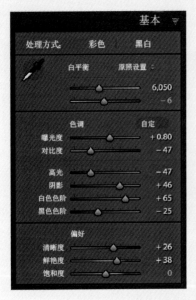

2 首先处理最棘手的问题，也就是调亮图像，挽救阴影细节。打开基本面板，做了左边的操作，增加曝光，增加阴影，精调黑白修剪点。目的在于形成全色调对比，以便在后面使用色调曲线面板修改。

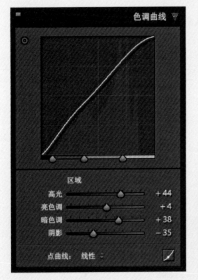

3 然后选择渐变滤镜工具，在图像的上半部分加深渐变。又打开色调曲线面板，通过滑块仔细调整阴影处的对比和曲线的高光端。之后通过色调曲线下方的区域滑块对色调曲线进行了精细调整。

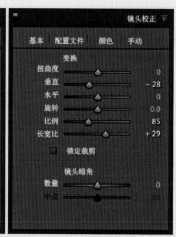

4　随后，选择镜头校正面板，使用配置文件进行镜头校正，并勾选"删除色差"一项。最后，通过手动变换滑块，将图像调到直立，并使用裁剪叠加工具将图像裁成更加紧凑的正方形。这使猴面包树在最终构图中落在了焦点中心。

Photograph: © Farid Sani

1 我在Lightroom里用基本面板编辑了这张低调的照片，在这一步中，阴影滑块（被红色圈出）设置在了0。

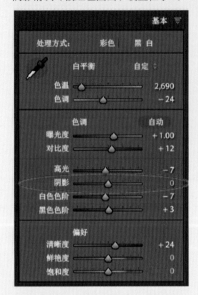

2 然后我选择"照片"→"在应用程序中编辑"→"在Photoshop中编辑"，增加了曲线调整图层，按下图所示进行调整，加亮阴影。请注意我是如何在曲线的高光区域定锚点的。

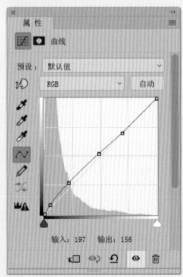

Photoshop 曲线与 Lightroom 阴影调整效果对比

3 回到Lightroom，在原图上增加阴影至100以调亮阴影区色调。

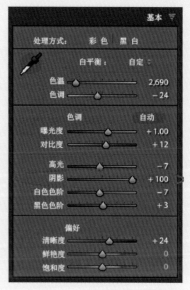

4 这里可以看到两种调整的效果对比。左侧是Photoshop曲线调整后的版本（使用的是常规混合模式），右侧是Lightroom阴影调整后的版本。当我使用Photoshop曲线时，我尽力让最后的效果和Lightroom的效果接近。可以看到，Photoshop曲线提亮了图像，但同时也削弱了阴影至中间调的对比。然而Lightroom阴影在提亮图像的同时保留了更多阴影至中间调区域的对比。

Photoshop曲线和Lightroom
对比度调整之间有细微的差别。
Lightroom的对比度与色调调整是锁
定色相的。如果把利用Photoshop
曲线进行的对比度增加和利用
Lightroom基本面板的对比度滑块
或色调曲线滑块进行的类似调整做
比较，会发现Photoshop中图像的
明亮度、饱和度和色相的像素值都
会改变，而在Lightroom的对比度
调整中，色相值会被锁定，不会有
变化。

对比度

Lightroom的对比度滑块可以用于增加或减少整体对比度。Lightroom基本面
板中所能取得的对比度调整效果与Lightroom色调曲线面板或Photoshop曲线调
整的效果类似，S形的曲线将会增加图像的对比度。随着Lightroom或Photoshop
中对比度的调高，会注意到饱和度也在增加（见**图3.3**）。在Photoshop中，可以
把曲线调整图层的混合模式设为亮度，这样就可以锁定色相和饱和度。这种方法
在进行小范围对比度增加时会很有帮助。总的来说，摄影师会希望看到在饱和度
增加的同时，对比度也能增加。因此，Lightroom基本面板的对比度滑块和色调
曲线面板上没有饱和度锁定功能。

对比度滑块的效果与图像内容有所关联，效果是基于被编辑图像的主要色调。
在暗一些的照片中，对比度调整的中间点会往阴影偏移一些，而在高调的图像中，
中间点会往高光偏移一些。如果照片需要进行对比度调整，最好是先调整基本面
板的对比度滑块。如果愿意的话，还可以再使用色调曲线面板进行精修。

图3.3 对比度为0（左图）与使用Lightroom基本面板的对比度滑块将对比度增加至100（右图）的
对比

高光与阴影

高光与阴影滑块能用来提亮或调暗图像。反向高光调整会将高光压暗到超过中间调区域些许的位置。同理，正向调整阴影会将阴影提亮（也是可以达到超过中间调区域些许的位置）。这些滑块在图像上对于色调的影响基本是对称的。比如说，处理一张动态范围大的图像时，一般会反向调整高光，同时正向调整阴影。

可能还会出于一些原因要将这些滑块往相反的方向拖曳。例如故意正向调整高光来压制高光的色调细节，并软化高光色调。同时，也能故意反向调整阴影来压制阴影色调——通过将暗色调的背景调得更暗，除去暗色背景上的细节。

这两个滑块功能强大，在平衡图像的色调中扮演着重要角色。如果只微微拉动滑块，效果可能不易察觉，但如果调整值达到了+50或-50，可能会开始注意到高对比区域的边缘出现光晕。有时最后的效果会像一张伪高动态范围图像，尤其是同时调出-100高光和+100阴影时。当然也不是没有例外，比如处理高动态范围合成的原图时，一般会需要将这两个滑块拖曳到各自的极致点，即便如此，图像也不会产生难看的光晕。然而对于一般图像的话，如果调得过分了，效果会看起来特别失真。

白色色阶和黑色色阶

白色色阶和黑色色阶滑块是精调工具，可以用来设置图像中阴影和高光修剪点。我一般最后再使用这两个滑块。我会调整白色色阶来让最亮的（非镜面）高光色调达到刚开始溢出的状态，然后再往回调整以保证打印时这些色调能被保留下来。至于黑色色阶滑块，我会拖曳它直到最暗的阴影开始溢出。做这些调整时，可以按住Alt键以看到阈值修剪预览，它能帮助预测修剪点。黑色色阶滑块的控制范围因图像而异，也就是说，在编辑对比柔和的图像时，比如说一张高调、雾蒙蒙的风景照，黑色色阶滑块的控制范围会得到延伸，但同时也会损失一些精度。

如何故意丢失高光细节

这张一片空旷上几棵树的照片是在某个冬天飘着雪的早晨拍摄的。我原计划是拍一张黑白照片，在白茫茫的一片中有几棵突兀的树。这里我拍了一系列照片，并把它们拼在一张全景图中。这样我可以延伸视角，并创造出一幅高分辨率的图像。最后我得到了一张高调的照片，焦点在树上。有的人可能会把高光调得更白以达到极端强对比的效果。然而，对于这张图像，我不想对色调范围做太大变动。

1 为了创作出这幅图像，我将相机调到人像模式，拍了5张照片。这样我可以拼出一张全景图像。我在Lightroom里选中了这些照片，然后单击"照片"→"照片合并"→"全景图"。

2 这样就打开了全景合并预览对话框，在这里手动选择圆柱投影选项（合并一系列图像时，圆柱投影往往是最佳选择），然后单击"合并"。

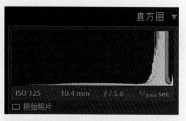

3 这样就能得到一张合并后的全景图，它以DNG格式保存，并会自动加入Lightroom目录。直方图也反映出合并后的照片缺乏对比。

4 接下来选择修改照片模块下的裁剪叠加工具，将外部区域剪裁掉，这样树丛就可以位于画面正中央。

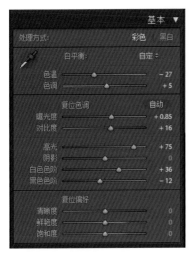

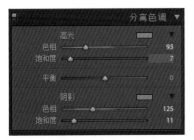

5 然后通过修改照片模块下的基本面板对色调做一些调整。将曝光度增加到 +0.85，对比度设置到了 +16，为了将整幅图像调亮，把高光调到了 +75，这就让高光区域的对比降低了。这也使得高光区中最亮的一部分，也就是树背后的天空，有一些溢出。我还打开了分离色调面板，加了一点冷色调分离的效果，来增强寒冷萧索的氛围。

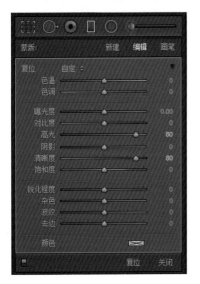

6 我又在照片底部添加了一个渐变滤镜，同时也调高了高光，并增加了清晰度，这样草从雪里面冒出的细节就能被更多地展现出来。

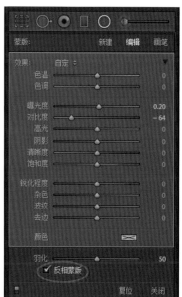

7　接下来，在外侧区域（即红色叠加层）添加径向滤镜。这样调整之后，可以略微增加曝光，并减弱对比。

8　随后复制径向滤镜（可以右键单击画面中的区域调整按钮并选择"复制"），同时勾选"反相蒙版"。将曝光度设在-0.29，对比度增强到+31，清晰度设在+45，旨在增加对比，并加深树丛中的阴影。

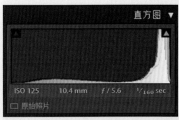

直方图 ▼

ISO 125　　10.4 mm　　f / 5.6　　¹/₁₆₀ sec

原始照片

9 这张是编辑完成的最后版本。直方图显示出色调范围现在得到充分延伸，而阴影部分才刚刚溢出。还可以看到，现在的高光端溢出比第三步中直方图显示的更加多。一般不希望高光溢出如此严重，但是有时候这样做也是妥当的。举个例子，比如图像上包含镜面高光（如一束光从光滑表面反射出来），那这些高光应该是严重溢出的。就这张图像而言，高光溢出的区域是白色天空。即便天空中有一些云的细节是可以恢复的，但本例的目标是让照片呈现出纯白色雪地的场景，所以高光溢出的白色天空更能与树木形成反差。

自动色调调整

不清楚该如何拖曳滑块时，可以单击"自动"按钮（见**图3.4**中圈出部分），Lightroom会分析图像，并以此为根据自动进行调整。这时会发现，自动调整大多数情况下仅改变曝光度、对比度、白色色阶与黑色色阶。但有的时候它也会改变高光和阴影设置。自动色调调整在某些类型的图像上能起到非常好的效果，迅速提升图像质量。我发现，大多数在受控制的照明环境下拍摄的照片经自动调整后会看起来更糟。但不管怎样，单击"自动"按钮，看看你是否喜欢它呈现的效果，总是无伤大雅的。双击"自动"按钮旁的"色调"按钮就可以撤销自动色调调整。

单个自动色调调整

按住Shift键的同时双击鼠标左键便可调整单个色调滑块。如果对着曝光度、对比度、高光或阴影滑块这样操作，那么该滑块将会被设置到自动色调调整后的位置。白色色阶和黑色色阶滑块在这样的操作下则会被设置到Lightroom根据图像分析计算出的刚开始高光溢出或阴影溢出的位置，与标准自动色调调整后的位置并不一致。这是因为自动调整是根据所有可能进行的调整设置重新计算的。所以，如果手动改变了曝光度、对比度、高光、阴影，又或者剪裁了图像，对白色色阶和黑色色阶滑块按住Shift键并双击后，得到的结果是全新的。

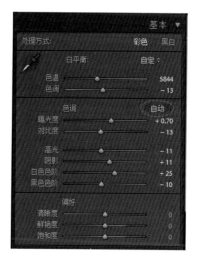

图3.4 自动色调调整实例

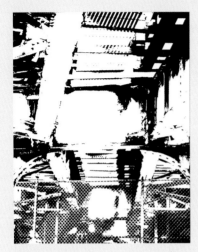

图3.5 Lightroom阴影阈值修剪预览
模式范例

让阴影严重溢出

　　现在来看一个例子，在这幅图像中，你也许会希望达到阴影缺失的效果。在绝大多数的照片中会设置阴影修剪点以防止阴影缺失。在调整黑色色阶滑块时，可以同时按住Alt键来查看溢出点。看到的是一张阈值修剪预览（见**图3.5**），能帮助你对如何设置黑色色阶滑块做出更好的判断。

　　下面这个例子中的照片是在芝加哥轻轨下方拍摄的。我想通过此例说明我们可以故意让阴影严重溢出来营造黑暗的氛围。这种手法可以用于编辑对着昏暗背景拍摄的照片，或者像本例一样，用来创造出图形阴影效果。假设拍照时日头正高，可以淡化阴影细节，也可以突出阴影。如果要拍的是城市景观照，而且希望把阴影变成一片漆黑，那么接下来的操作会很有帮助，最后的效果如同使用了一些摄影师，包括拉尔夫·吉布森和威尔·布兰特所钟爱的打印技术。

1 这是未经任何色调调整的RAW格式照片。直方图显示色调分布均匀，阴影刚开始溢出。

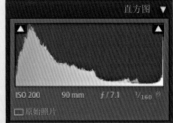

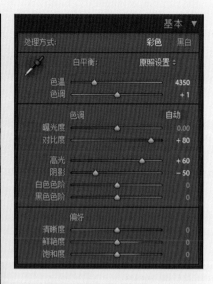

2 在这一步中，我将对比度调到+80，导致高光细节丢失。为了找回细节，我将高光调至-60。对比度的增加还导致阴影变暗。为了将阴影压得更暗我将滑块拖到了-50。

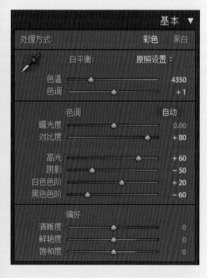

3 然后我对修剪点做了精调。这里我把白色色阶拖到+20，黑色色阶拖到60。对阴影的调整再加上这里对黑色色阶的调整保证了阴影部分的昏暗。

4 在基本面板的偏好板块内,将清晰度设在+50以加强中间调对比,这样可以强调出金属表面的颗粒质感。我又调低了鲜艳度,让颜色显得不那饱满。

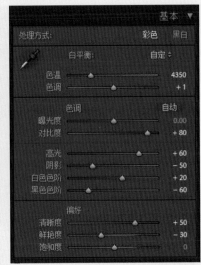

5 完成主要的色调调整后,我发现图像中间由此产生了热点。为了解决这个问题,选择径向滤镜,压低了热点区域的高光。

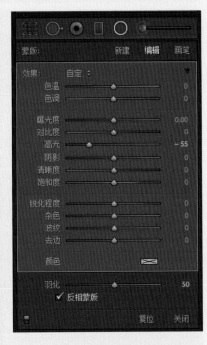

6 这是最终版本。我略微做了分离色调调整，在照片上加了一点棕黑色。可以从直方图中看到（与原图相比）高光处不再有许多溢出，但是阴影端的溢出是很严重的。

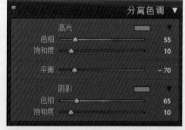

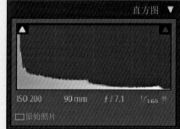

图3.6 Lightroom高光阈值修剪预览模式范例

高调图像中的白色色阶与黑色色阶设置

拍摄高调场景，比如下面这张照片，必须仔仔细细将曝光度调准确。使用标准自动挡拍摄此类照片，曝光必然不足。在本例中，我把相机测光表作为参考，把曝光度调到相机建议值之上2/3挡。即便是这样，仍旧可以继续曝光过度且不出现任何问题。在这张照片上，我们主要需要使用白色色阶和黑色色阶滑块来扩大色调范围。设置高光时，可以在拖曳白色色阶滑块的同时按住Alt键，这样能显示高光阈值修剪预览模式（见**图3.6**），该预览有助于设定安全的高光溢出点，使得重要高光能得到保留。之前解释过，Lightroom中的黑色色阶滑块灵活度很高，有能力扩大它的控制范围。本例中，由于调整对象是高调的场景，Lightroom自动将黑色色阶滑块的控制范围延伸到常规范围以外。

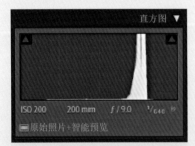

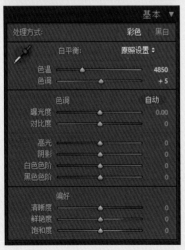

1 这是调整前的版本，基本面板是默认设置。照片缺乏对比，这一点从直方图也能得到反映。

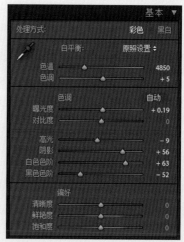

2　在基本面板中略微增加曝光度来得到理想的亮度。然后把白色色阶滑块拉到场景中的亮点刚开始溢出的状态，再往回调整少许。与此同时，往左拖曳黑色色阶滑块使阴影开始溢出。最后增加阴影，使船上的阴影细节得到加亮。

3　基本面板中的这些操作让色调对比有了明显的改善，但是我还希望能突出画面远处那些微小的细节。于是在这里我放置了一个渐变滤镜，增加了去雾霾的效果，并减少了鲜艳度。

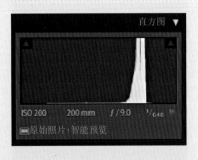

直方图 ▼

ISO 200   200 mm   f/9.0   ¹/₆₄₀ 秒

原始照片+智能预览

4 这张是编辑后的最终版本。由于渐变滤镜，可以看到远处的小山更加清晰了。图像的整体感觉依然忠于原始图像。高光得到了保留，但在加强对比后船显得更加突出。直方图也印证了当前图像的色调范围更完整，高光处的小细节也被留了下来。

清晰度调整

　　清晰度滑块实质上调整的是局部对比度。清晰化的效果是通过光晕蒙版添加可变的对比度值实现的。高光和阴影滑块背后的色调蒙版算法其实与此一致。

　　正对比度调整能使照片根据边缘细节在中间调区域加强对比。实际上，增加清晰度能明显加强中间调区域的对比度，同时毫不影响整体对比度。如果调整照片时想要保留所有的高光和阴影细节，那么中间调区域的色调分离可能会减少。因此，当图像中间调区域的细节被挤压时，可以通过提高一点清晰度来凸显原图中不那么明显的细节。

　　额外加一点清晰度能改善很多图像。但是，如果加得太多了，光晕就变得很显眼，图像看起来就像一张处理不当的高动态范围照片。然而，有几种照片会从大幅度增加清晰度中获益。在接下来的几页中，将看到一个原图中间调对比完全缺失，通过增加最大清晰度至100来扩大中间调的例子。而在人像照片中，高清晰度能让肌肤呈现出额外的颗粒感。另外，如果编辑的是一张高动态范围合成照，可以把清晰度调得比普通RAW格式图像高很多。

　　清晰度可以用来做整体调整（通过基本面板），或者通过渐变滤镜、径向滤镜、调整笔刷来做局部调整。虽然在一些情况下增加清晰度能改善图像，但一般来说，清晰度还是被用来做局部调整为佳。

负清晰度调整

　　负清晰度调整的效果与正调整完全相反。它可以被用来软化中间调，产生的效果与传统暗房柔滑冲印技术类似。可以用它来营造出很漂亮的软聚焦图像效果或者软化人像照片中的肌肤质感。我发现负清晰度调整在黑白照片中格外适用，可以在边缘细节上增添一丝细微的柔和光线。

提高清晰度以突出细节

　　这张照片很好地突出了大雪肆虐、气候恶劣的氛围。摄影师安迪·梯斯戴尔一针见血地指出："它表现出隆冬时节，在威尔士乡村等公交车是多么大的挑战，又要面对多少不确定因素。"这样的场景对摄影师而言也极具挑战性。且不说在冰天雪地里拍照需要面对的困难，在下雪的环境下做到正确曝光就是个难题。如果把相机设在自动测光模式（如本例所示），那么测光表为了适应场景中的白色，往往会曝光不足。因此比较好的做法是把曝光补偿设在 +0.3EV 或 +0.6EV，这样相机的自动测光表就会倾向于给出更高的曝光度。更好的做法是把相机设到手动模式，找到最佳环境曝光度后将该值设定。

　　原图若有一点曝光不足，那问题也不大，因为可以用 Lightroom 轻松修正。最重要的一点是确保在提亮照片的同时，高光细节能被保留。

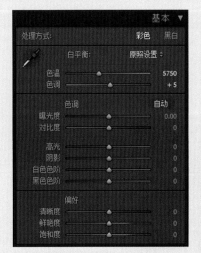

Photograph © Andy Teasdale

1　整体场景看起来很昏暗，缺少对比。需要花一些精力来突出候车室的细节，同时保留住天空和雪的高光细节。

2 首先，单击基本面板上的"自动"按钮（红色圈出处）进行自动色调调整。场景马上得到了提亮。然后选择白平衡工具，并在图像上单击（即选择雪）以进行计算白平衡调整。这样原图中的蓝色调就被中和了。

3 我不想丢失任何微妙的高光细节，所以仔细调节基本面板设置来压低高光，同时把清晰度滑块拖曳到了+100来增强中间调对比。我选择用调整画笔来对候车室的家长和孩子进行曝光度提亮。

4 然后展开Camera Raw中的镜头校正面板，进行自动直立校正，并把长宽比调到-25（这样图像会被横向拉伸）。最后裁剪照片，裁掉了右侧的房屋。

色调曲线调整

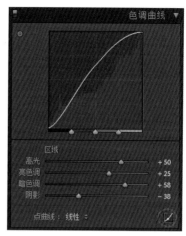

图3.7　色调曲线面板

基本面板中的对比度滑块只能增加或减少对比度，色调曲线面板（见**图3.7**）却有4个（参数）区域滑块可以用来精修对比度。它们分别是高光、亮色调、暗色调和阴影，当调整某个滑块的时候，曲线图上由该滑块控制的部分就会被打上阴影。这些滑块能激发你创造出与使用传统点曲线工具完全不同的色调曲线。

调整某张图像的色调时，我建议第一步先使用基本面板做尽可能多的操作。有的Photoshop爱好者认为用曲线面板做色调调整最好不过，没错，如果仅用Photoshop编辑图像，那确实是如此。但是，正如我在本章之前所说的，曲线面板的控制深度不及Lightroom基本面板和Camera Raw。因此，在基本面板调整完成后，Lightroom中的色调曲线面板就成为第二顺位的有效色调编辑工具。也就是说，先使用基本面板的对比度滑块进行主要色调对比纠正，这样就有足够的空间充分利用Lightroom色调曲线面板控制、精调对比度。分成两步走的对比度编辑能使你拥有更大的调整范围和更完全的控制。

色调范围分离点（在色调曲线下方）能够限制或扩大被4个色调曲线滑块所影响的色调范围。改变任何一个色调范围分离点都可精调曲线的形状。还可以直接在曲线图像上操作，通过单击曲线上的点，将它拉高或者拉低来修改曲线上的某个部分，还可以按住上下键来增加或减少色调值。

点曲线模式

Lightroom中色调曲线的编辑可以与Camera Raw的点曲线编辑（或Photoshop中的曲线调整）一致。单击右下方的图标（见**图3.7**中红圈处）即可切换到点曲线编辑模式。在点曲线编辑模式下，对图像的控制程度与Photoshop曲线面板下的一致，可以随意添加或移除曲线点。通过单击右键打开上下文菜单、双击控制点，或者把控制点拉到色调曲线图的边缘均可删除该点。点曲线编辑模式除了灵活度更高以外，与使用参数滑块模式来操作并无其他不同。

注意

如果单击激活了"通过在照片中拖动来调整色调曲线"工具（见**图3.7**中蓝色圈出处），可以把鼠标指针移到图像上，单击某处并向上拖动来增加相应色调区域滑块的亮度，或向下拖动来降低该区域的亮度。

注意

　　快照面板位于修改照片模块左侧，预设面板下方。单击加号按钮即可把图像以目前状态保存为一张快照。

基本面板与色调曲线调整

　　编辑RAW格式照片时，我的目标往往是仅使用基本面板来生成一版优化过的图像。这一版图像可以看成是后续深入编辑的基础。这时一种不错的做法是把这版图像保存为基础快照，这样可以很容易地找回它。保存完成后，我会使用Lightroom里的其他工具，比如色调曲线和其他修改照片模块面板，在初步调整的基础上进行其他操作，以让图像表现出不同的感觉。或者，随着对新版本图像的创作，我会想要重新设置基本面板。接下去，我会介绍如何先调整基本面板设置，优化图像，之后利用色调曲线面板深入调整对比度。第三步中优化出的图像已经完全没有问题了。第四步里，我又利用色调曲线面板做了最后的修饰。

1 这是未经任何修饰的图像。直方图显示色调比较紧凑。

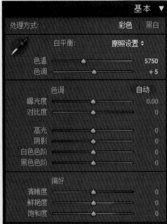

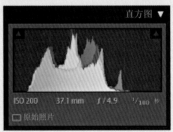

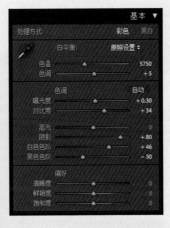

2 提亮照片并加强对比是第一步。把曝光度设在+0.3，对比度设在+34。还使用白色色阶和黑色色阶滑块做了精调，并把阴影设到了+80以突出照片中较暗区域的细节。

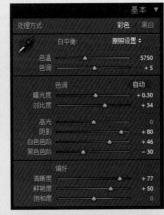

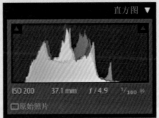

3 第2步中，中间调看起来很没有层次，于是我把清晰度设到+77，并把鲜艳度增加到+50。现在直方图显示出色阶均匀分布在整个色调范围上。现在可以把这幅图像保存为快照。

4 最后，展开色调曲线面板，分别调整高光、亮色调、暗色调和阴影滑块，得到如下图所示的色调曲线形状。我还改变了阴影色调范围分离点（被圈出部分），将它往左拉，这样色调范围底部的曲线变得更加陡。这一精调给阴影加了一点微妙的力度。

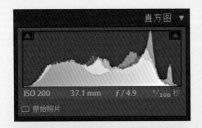

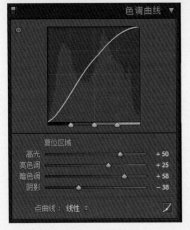

色调范围分离点精修

　　编辑色调曲线时，曲线越陡，对比度越高；曲线越平缓，对比度越低。在前一个例子中，暗色调到亮色调的曲线变得更陡，而亮色调到高光的曲线变得更平。我还把暗色调范围分离点往左拉了一些，这让色调曲线从阴影出来的起势更加陡峭，也意味着色调曲线阴影端的对比度明显增加，并在中间调到亮色调这一段也不断增加。随后对比度的增势开始回跌，到最亮的区域变得更加柔和。编辑风光照片时，如果想要加强云的对比，有时会使用色调曲线，把高光滑块拉到最右边以提亮高光，同时把高光色调范围分离点往右边拉。这样高光的对比度能得到一些提升，增加云的反差。编辑工作室内拍摄的照片或者人像时，我发现把对比度平均加到色调曲线的阴影和高光上更有利于提升图像，同时我还会把阴影和高光色调范围分离点推到它们的极限位置，这样会强调阴影和高光，但不会加强中间调对比，因为中间调平缓的曲线形状得到了保留（见**图3.8**）。凭借4个区域滑块，可以掌控住色调曲线的形状，利用3个色调范围分离点滑块则可对色调曲线进一步微调。

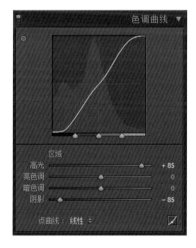

图3.8　左侧是使用基本面板优化过色调的图像。右侧加入了色调范围曲线调整，阴影和高光色调范围分离点滑块被推到了各自的极限位置

小贴士

去朦胧功能可以用来改善镜头光晕导致的对比缺失，还能用于天文摄影。在光污染严重的地域拍摄夜晚天空时，去朦胧后能更加突出星星。

---

1 这是 RAW 格式文件在 Lightroom 里被预览时的状态，尚未进行任何调整。我喜欢它的构图，细节也多，但明显需要去除雾霾。

减少雾霾

那蜿蜒到山顶的公路备受自行车爱好者青睐，近日我来到那里，向下俯瞰，拍下了这张照片。我喜欢这张照片里 S 形公路的构图，还很喜欢路面的标识，因为这座山确实很陡，爬起来不容易。我用的是变焦范围为 70-200mm 镜头的 200mm 焦距拍摄，快门速度为 1/400 秒，光圈为 f/3.5，感光度为 ISO 200。相机被固定在三脚架上，图像显得漂亮且锐利。但拍摄主体离得太远，对比度明显不足。这在更大程度上是雾霾的原因，而非镜头的光学表现。一种解决办法是使用效果面板里的去朦胧滑块，向右拖曳后可以除去场景里的霾、烟或雾。但与此同时，饱和度会有明显改变，已存在的边缘暗角也会得到加强。因此在使用去朦胧滑块前，最好先使用镜头校正中的配置文件（或手动暗角校正）除去镜头暗角，并设置白平衡。

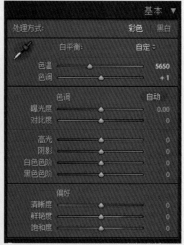

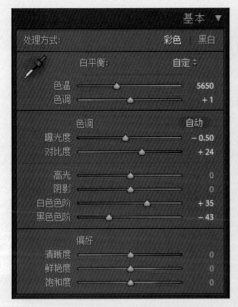

2　在Lightroom修改照片模块下，选择白平衡工具，单击公路，将白平衡调整为自定的设置。

3　展开效果面板，把去朦胧滑块拉到+40，足以去除雾霾，加大对比。

4 然后打开色调曲线面板，调整滑块，加强色调曲线的高光端。可以看到，为了精调极端高光色调范围的对比度曲线和对焦效果，我把高光色调范围滑块向右拖曳。在效果面板里，我变动了"裁剪后暗角"功能下的几个滑块，把照片的暗角加深了，这样观众注意力就会集中到公路和自行车手身上。

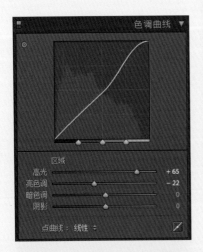

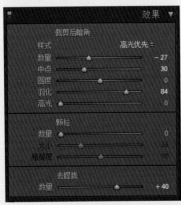

局部雾霾减少

　　去朦胧功能也可用作局部调整。因此该功能在处理风光照片时很有帮助，这些照片中位于构图最底部的前景往往看起来没有问题，只有构图中部到顶部那些位于远处的景物才需要修正。去朦胧功能如果使用不当，效果会是毁灭性的，所以最好能够结合局部调整工具来进行去朦胧修正。

1　这张风光照片是使用长焦镜头拍摄的。我通过这里显示的基本面板调整，优化了色调对比度。

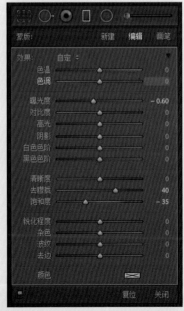

2　然后选择渐变滤镜工具，对照片上半部分做了右边所示的调整，将该区域略微调暗了一些，以突出远处的山和云的细节。请注意，我还减少了饱和度，来平衡去朦胧调到+40后带来的饱和度上升。

图3.9 基本面板上的白平衡选项

色彩调整

在Lightroom中导入图像后，色彩调整就应该马上开始。在上一章中，我们学习了如何通过相机校准面板设置相机配置文件，设置后对颜色渲染会产生怎样的影响以及为什么要按照相机默认开发设置设定。现在来详细了解其他调整色彩的方式。

白平衡

白平衡区域位于基本面板上方。这里可以在白平衡菜单里选择一种预设（见**图3.9**），拖曳色温和色调滑块添加自定义白平衡，或者单击白平衡选择器，将其从面板中移除后手动在图像中选择目标颜色来设定理想的白平衡（见"添加自定义白平衡调整"）。这样设置过后，所有色彩的表现均应正常。

要记住的一点是，在调整时，不是在改变实际场景的白平衡，而是给一张已经拍好的照片分配一种设置。所以，如果把色温滑块往右拉，给出更高的色温值，就是在告诉Lightroom，相机记录下的白平衡太低了，照片泛着蓝色。高色温值会让图像变得更温暖，颜色显得更中性。可以这样想——在日光的环境下用钨丝灯胶片会拍出一张蓝色图像。需要在镜头前加上暖色滤镜，这样钨丝灯拍下的日光场景就会有更中性的色彩。色调滑块则让白平衡调整变得更加深入，可以中和掉荧光灯照明环境下的绿色／品红色调。

使用白平衡选择器的关键是，要在图像上完全呈中性色彩的区域上单击，可能是白色或浅灰色区域，但不是纯白色。如果该区域一条或多条色彩通道溢出，那获取的白平衡值也是不准确的。在接下去的例子里可以看到，我选择的中性色区域是赛车手的头盔，上面有一点阴影，色彩接近纯白。

鲜艳度和饱和度

基本面板最下方是鲜艳度和饱和度滑块，两者均能被用以增加或降低饱和度。两者之中，鲜艳度功能更强大，因为它含有防溢出机制，能防止已经饱和的色彩溢出。因此，增加鲜艳度时，所有色彩的饱和度都会增加，只有那些已经完全饱

添加自定义白平衡调整

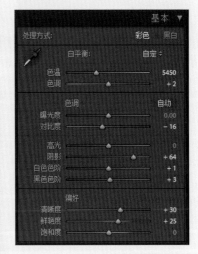

1 这张照片拍摄于古德伍德赛车节，使用的是相机的自动白平衡设置，基本面板所示的是原照设置情况。

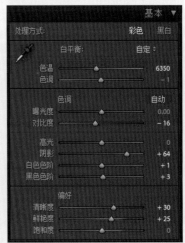

2 单击白平衡选择器将其移出基本面板，然后在图像中拾取目标中性色。在这样的活动模式下，长方形小型放大器能引导你进行选择。本例中，单击车手白色头盔的阴影区域来确定白平衡。

图 3.10 时尚类图像经过负鲜艳度处理后实例

和的不会。如果更加偏爱饱和度滑块的话，可以使用。但要想避免色彩溢出，鲜艳度滑块无疑是更好的选择。往另一个方向拖曳可以降低饱和度。-100 的鲜艳度能创造出哑色的效果，-100 的饱和度则能使图像变为黑白。

即使迫不及待地想增加所有彩色照片的鲜艳度，我还是建议要探索一下降低鲜艳度后那些低调、柔和的颜色。比如**图 3.10** 所示这张时尚大片在 Lightroom 里被处理成 -70 的鲜艳度，这才有了现在的哑色效果。

RGB 曲线

本章前面提到过，单击色调曲线面板右下角的图标可切换为点曲线编辑模式。该模式下可以单独编辑红色、绿色和蓝色通道的曲线，和在 Photoshop 里使用曲线调整一样。尽管可以在色调曲线面板的 RGB 调整中运用 Photoshop 的原理，我还是建议使用基本面板的白平衡工具设置白平衡，使用对比度和鲜艳度滑块来获取满意的对比度和饱和度。色调曲线面板可以用来做 RGB 曲线调整，进一步加强色彩，或者达到另一种色彩效果。

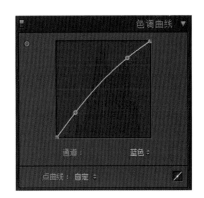

图 3.11 左图所示是默认设置的效果，右图所示是经过色调曲线 RGB 点曲线调整后的效果

增加色彩饱和度

1 原始照片中包含许多色彩元素。曝光度完全准确，后期需要更多关注对色彩的加强。

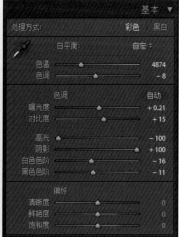

2 这一步我做了一些初步的基本面板编辑，包括将高光滑块拖动到-100，阴影滑块拖动到+100，加强了高光和阴影的细节。

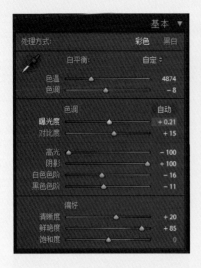

3 在这里，我添加了 +20 的清晰度，中间调的对比得以加大，鲜艳度增加到 +85 后色彩变得更明朗，已经饱和的色彩也没有溢出。

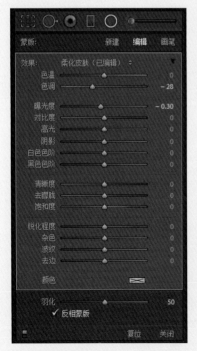

4 随后添加径向滤镜，方向选择向外，对比度设为 -0.3，这样可以调暗径向滤镜以外的区域。色调滑块设为 -28，加入了一丝绿色来加强植物的颜色。

5 这是最终版本。我用仿制图章和修复画笔往右上角和右下角的空当里填补了植物。照片里的人物是苏·克莱茨曼，照片由安索·希茨克拍摄，这是他的伦敦东区艺术家系列人像照中的一张。

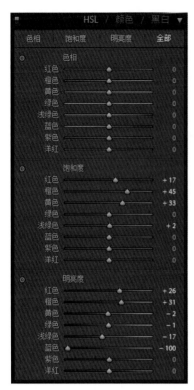

图3.12 HSL "全部"模式下的HSL/颜色/黑白面板

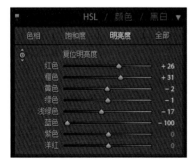

图3.13 HSL "明亮度"模式下的HSL/颜色/黑白面板

HSL/ 颜色 / 黑白面板

在HSL/颜色/黑白面板（见**图3.12**）的"HSL"模式下，可以对彩色图像的色相、饱和度或明亮度进行分色彩的调节。"颜色"模式下的功能基本一致，只是界面略有不同。"黑白"模式能将彩色图像转化为黑白，并改变构成黑白照片的颜色分量的色调亮度。**图3.12**所示是"全部"模式下的HSL面板，色相、饱和度、明亮度滑块全部在列。**图3.13**所示是HSL模式下选择"明亮度"后的情况。

颜色控制滑块有8个，包括橙色、浅绿色和紫色，因为大多数的摄影师都喜欢编辑这些颜色，而不是一般能在Photoshop色相/饱和度调整对话框中看到的红色、绿色、青色、洋红和黄色。

色相滑块可以改变红色、橙色、黄色和其他颜色的色相值。这类调整的应用范围不广，除非想刻意改变图像中某种颜色的色相，或者相机传感器的光谱响应出了问题。举个例子，老式数码相机会把白种人的肤色拍成加利福尼亚古铜色。那么选择橙色色相，向右拉，把橙色变得更黄就可以改善这种情况。

饱和度滑块可以改变目标颜色的饱和度，因为可以有选择地加强或降低某个特定颜色的饱和度。

我认为明亮度滑块是最有用的，可以用于改变选定目标颜色的明亮度，使其变得更亮或更暗。下面这个例子一步步展现了HSL明亮度滑块能在图像上产生多么戏剧化的效果。单击左上角的图标激活目标调整工具后（见第三步），可以把鼠标指针移到图像上，在某处单击并上下拖曳，该处下方目标颜色的值就会改变。向上拉回增加设定值，向下拉则会降低。拖曳时，Lightroom会选择一个主要颜色和一个次要颜色滑块，两个滑块都会被改变。下面这个教学示范里，可以看到我选定了蓝天并把鼠标指针向下拉，这样改变的主要是蓝色滑块，同时浅绿色滑块也被改变了。在这个特殊例子里，最后效果和在镜头前放一个可调偏正滤镜类似。不过，调整电子图像和在相机上做校正的结果并不完全一致，有对比色的时候还可能会在边缘处看到光晕。打印后看上去不会有屏幕上那么糟糕，但这也告诉我们太多后期纠正会带来一些不足。

使用 HSL 调整色彩

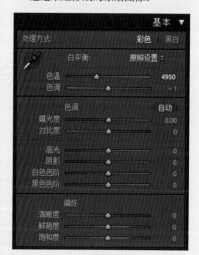

1 这是未经修改的原始图像。

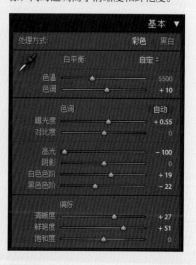

2 这一步，我把白平衡设置成日光，改变了色调区域的几个滑块来优化图像，同时还调高了清晰度和鲜艳度。

3 然后打开HSL/颜色/黑白面板,选择明亮度和目标调整工具(被圈出处),在天空区域向下拖曳以加深目标颜色:即浅绿色和蓝色。

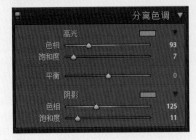

4 把目标调整工具保持在激活状态,单击船屋,改变了那里的明亮度,让红色和橙色更亮。最后选择饱和度,在图像上拖曳,让红色、橙色和黄色更加饱和。

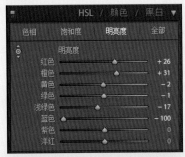

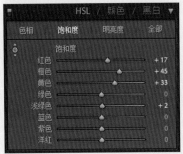

第4章
减淡与加深

为什么不总是所见即所得

为什么图像需要处理

处理图像并不是什么新鲜事。技术进步给我们带来数码照片编辑工具，而在此之前，摄影师们早已在暗房里处理图像多年。研究一下著名摄影师的作品，比如塞巴斯蒂·塞尔加多和约瑟夫·库德尔卡，你会发现在暗房时期，他们也做了许多减淡和加深调整，这才创造出最具代表性的图像。有的摄影师仍然认为处理图像等于作弊，也许是因为他们觉得相机会把摄影师所看到的东西忠实地记录下来吧。但只要想想眼睛是如何感知世界的，就会意识到事实并非如此。在我们看周围事物的同时，眼睛也在不断适应，眼见并非为实。因为大脑有能力解读眼睛看到的东西，并在脑海中建立起一幅图像，里面的明暗分布都是均匀的。当然大脑也有局限。我们都知道在黑暗中很难看清周围，也明白用望远镜去看太阳黑子是很愚蠢的行为。不过在日常环境下，大脑的神奇戏法会忽悠我们相信场景里的明暗是平均的，而实情却不是如此。比如说，在面对一面巨大的白墙时，大脑会认为墙的各个部分都是一样的白，拍出来的照片却显示明暗有一点偏差。这就是为什么对于工作室摄影，很重要的一点是使用测光表协助打光，而不是光靠眼睛所看到的情况做判断。

在户外拍照时，记录下天空和前景所需要的曝光度不同，差别可能达到好几挡。再强调一次，大脑辨识不到曝光度的差别——它会根据眼前景色生成一幅完美图像。要在拍摄时或者后期做好修正，否则相机的出片效果一般无法与大脑比拟。风光摄影师普遍会在镜头前安装中性灰度渐变滤镜，这样天空相对于地面而言就变得更暗。这是一种解决问题的办法。另一种是借助 Lightroom 中的渐变滤镜工具添加暗化的效果，如**图 4.1** 中的例子所示。

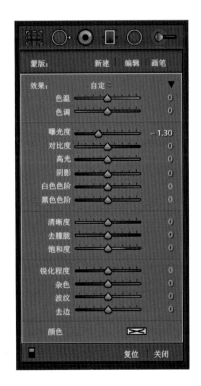

图 4.1 第一张是布莱斯峡谷的风光照，我用 Lightroom 调整色调后把前景优化到了最佳状态。第二张使用的是同样的风光照，只是加了渐变滤镜，加深了云的颜色，效果可能更接近实际场景

相机如何感知

数码相机以线性形式记录测光值，曝光每增加一挡，传感器的信号输出就会加倍。也就是说，每调大一挡光圈，或者把曝光时间延长为两倍，就增加了一挡曝光，传感器信号输出也因此翻倍。一般来说，传感器能捕捉4000级色阶的色调。当图像被拍下，转化为数码形式（且经过伽马校正）后，大约2000级色阶会被用于表达最亮一挡的内容，下一挡占用1000级，再下一挡500级，以此类推。还需要记住的是，既能完成对图像的曝光又不会使高光溢出的设定才是最佳曝光设定。随着进入传感器的亮度级不断升高，感光单元会达到光子饱和的状态，无法再记录其他光子。传感器便到达高光修剪点。

传感器记录下的原始图像和我们所看到的相比要暗很多。为了使数码照片更容易分辨，必须运用伽马校正曲线处理原始数据。它是亮度调节的中点，可以很有效地拉开阴影色阶，挤压高光色阶。这样一来，一张曝光正确的数码图像（无论是被相机处理成JPEG格式或者被Lightroom转化为RAW格式）就会很接近我们所看到的场景了，但未能达到完全一致，因为大脑会对场景里不同区域的照明进行不同程度的补偿。并且，由于伽马校正的原因，高光区域的大多数色阶信息会被挤压，而阴影区域可被编辑的色阶会更少。

局部调整

Lightroom修改照片模块内有三种局部调整工具：渐变滤镜、径向滤镜和调整画笔，每种工具下都有**图4.1**中显示的局部调整滑块。它们为我们提供了丰富的选择，且或多或少和基本面板里的滑块功能相同。不同点在于，这里的饱和度滑块融合了鲜艳度和饱和度；这里多了锐利程度滑块，功能与细节面板里锐利区域内的数量滑块基本一致；这里还增加了杂色滑块，功能与细节面板里减少杂色区域内明亮度滑块基本一致。可以使用曝光度滑块来调暗或者提亮图像，还可以使用局部调整工具进行色调调整，增加清晰度或者减少饱和度。可以进行的操作是无穷无尽的，不过我发现有几个特定的组合格外有用，将会在本章后面介绍。通过下面这个例子，先来看看如何结合径向滤镜和渐变滤镜，经过一系列局部调整，重塑图像的明暗分布。

基本的减淡和加深

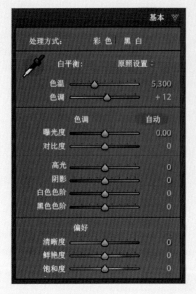

1 造访我表兄马拉克在加拿大的工作室——马拉克音乐工作室时，我为他拍了这张照片。拍的是他工作的场景，仅利用了日光照明。

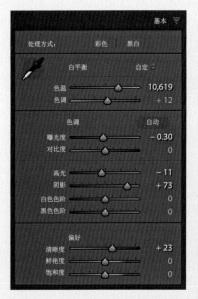

2 我希望房间可以像开着钨丝灯一样变得更暗一些。于是把色温滑块向右拉，得到了更温暖的白平衡，同时我还降低了曝光度。

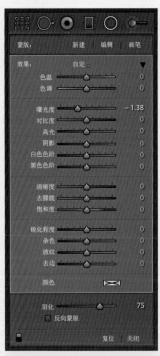

3　选择径向滤镜，在马拉克胸口上单击后向外拉。我把曝光度滑块设在-1.38，这样就对径向滤镜的椭圆区域外侧的曝光进行了羽化、加深的处理。

4　径向滤镜依然保持在打开的状态，单击"新建"，加入了第二个径向滤镜。再次单击马拉克的胸口，但这次拉出的椭圆要小一些。我把色温滑块往左拉，这样椭圆外的颜色不会那么暖，同时把曝光度设在-0.55来加深椭圆外侧区域。

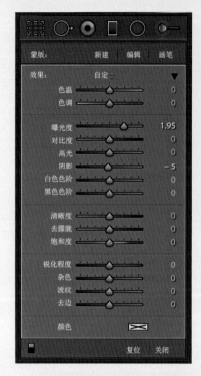

5 接下来，选择渐变滤镜，从图像右侧向画面中心拉，并把曝光度设在 +1.95。这样马上消除了两个径向滤镜对这部分图像的影响。可以这样说，我利用渐变滤镜，撤销了部分调整，还原了该部分的原始明亮度。

6 我喜欢这张照片拥有色彩的感觉，不过我也处理了一张黑白版本，如上图所示。

完善滤镜调整

在前一个例子的一步步操作中，径向滤镜的羽化和蒙版设置都是默认的。这就是说，调整被添加到了径向滤镜以外的范围且羽化值是75。使用径向滤镜时，可以对羽化设置进行精调，创造出更硬朗或更柔和的羽化边缘。单击勾选"反向蒙版"后，调整就会发生在径向滤镜以内，如果想对特定区域进行修改，那反向蒙版会特别有帮助。一般来说，使用径向滤镜能更好地实现叠加调整，比如说连续的提亮或调暗，因为通过多个滤镜，可以更准确地界定调整范围。编辑滤镜时，要确保滤镜处于激活状态，编辑标记也要可见。如果进行了滤镜调整却看不到标记，那就查看一下工具栏内的显示编辑标记菜单，或者按H键使其可见。单击滤镜中心的单选按钮能移除滤镜。

使用渐变滤镜时，直接拖动叠加层就可以改变滤镜的角度和宽度。只需要旋转滤镜时，可将鼠标指针沿着叠加层中间线移动，在看到一个双向箭头后，单击并拖动。单击任意一根外侧线条，然后拖动，就可以只改变宽度，让滤镜边缘变得更硬或者更柔和。直接单击并拖动手柄可改变径向滤镜叠层的形状（见**图4.2**）。

图4.2 使用渐变滤镜和径向滤镜时可以对滤镜叠层施加一些操控

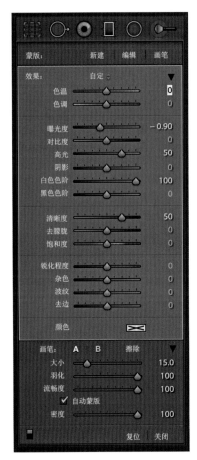

图4.3 选中渐变滤镜后，进入画笔编辑模式，底部是画笔选项，目前选中画笔A

小贴士

在画笔编辑模式下，按住Alt键可暂时切换到擦除模式，反之亦然。

使用渐变滤镜编辑天空

图4.1显示了如何通过添加负曝光度的渐变滤镜来调暗天空。这种方法在很多情况下都会起作用，效果和拍摄时在镜头前放置中性灰度滤镜类似。不过还有很多滑块可以运用，它们的作用远不止调暗画面一种。可以用色温滑块让天空的颜色更温暖或者更冰冷，用对比度滑块加大反差。通过曝光度、高光、白色色阶和黑色色阶的组合可以创造出很微妙的效果。比如，高光滑块能使云的高光细节更暗或更亮，具体怎么调整取决于图像和场景里云的亮度，但是无论如何改变，云都会更加突出。正向调整白色色阶滑块能格外有效地在高光区域加入更多对比，若能同时调低曝光度则效果会更好。清晰度滑块能很好地增加中间调区域的对比。在多云且暗沉沉的天空里，云上会有许多有趣的细节，可以增加清晰度来突出它们。建议在这些滑块上多做尝试，看看哪些能让云的突出呈现最好的状态。有时候甚至还能在组合操作中加入阴影滑块调节。

用画笔修改蒙版

单击画笔按钮（见**图4.3**中圈出处），即可切换到画笔编辑模式，能够对渐变滤镜或径向滤镜蒙版进行修改。可以选择分别设置画笔A和画笔B，并在图像上画出想要添加滤镜效果的区域。或者，可以进入擦除模式来界定区域，移除滤镜效果。大小滑块用以改变画笔的大小。流畅度滑块可以用来控制画笔工作的力度。比如，可以把流畅度调得很低，多刷几次后画笔效果才能显现。密度滑块决定了用画笔修改蒙版时能达到的最高密度。如果用的是Wacom绘图仪或者其他平板设备，可以把流畅度和密度设为100，再用书写笔压力来决定流畅度和密度。

勾选了"自动蒙版"后，首次单击的位置会作为样例颜色被记录下来，并以此来限制画笔的工作范围。换言之，假设点在了蓝色天空上，这就像用一根看不到的魔棒把蓝色天空都选中了，画笔的工作范围就被限制在其中。松开鼠标重新单击，那么又会有新的范围被选中。应该说明的一点是，自动蒙版产生的边缘有时会有些粗糙。所以最好在1:1的视图进行此类画笔工作，这样可以观察得更仔细。

用画笔编辑渐变滤镜

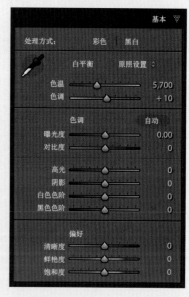

1　这张巨石阵的照片拍摄于傍晚，多云的天空显得很奇妙。这是默认设置下照片的样子。

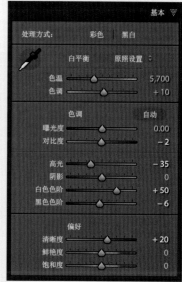

2　我在基本面板里拖曳色调滑块，略微调暗了高光。调节白色色阶和黑色色阶滑块后，我扩大了色调范围，并加入了更多反差，还把清晰度设为+20以增加更多中间调对比。

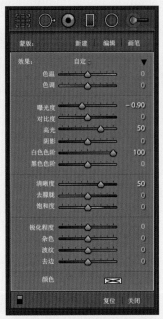

3 然后选择渐变滤镜工具，从地平线上方开始往下拉，直到石头基座下方。我把曝光度设在-0.9，调暗了云。同时增加高光和白色色阶以加入更多高光对比。我还提高了清晰度，增加了中间调对比。

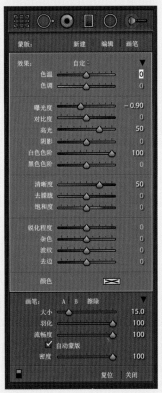

4 做完这些之后，单击切换到渐变滤镜的画笔编辑模式，在工具栏内勾选"显示选定的蒙版叠加"，使用擦除模式和自动蒙版，将石头从渐变滤镜蒙版中移除。

5 这里是最终版本。和第 3 步相比可以看到，使用渐变滤镜工具的画笔擦除功能在石头上添加蒙版后，滤镜就仅仅调整了除了石头蒙版轮廓线以外的渐变区域。对比一下这张图和前一张图里的石头横梁，会看到这些区域没有变暗。值得一提的是，用画笔编辑渐变滤镜或径向滤镜时，画笔编辑蒙版独立于滤镜调整之外。因此，在这幅图像上，可以重新回到渐变滤镜，编辑滤镜调整的范围，而不影响画笔编辑定义的蒙版轮廓。这里我另外做的唯一一项调整是打开 HSL/ 颜色 / 黑白面板，提亮了草地颜色，并稍稍加深了石头。

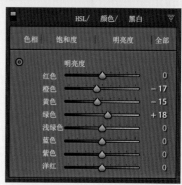

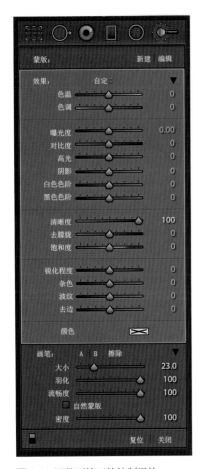

图 4.4 调整画笔下的控制滑块

调整画笔的设定

调整画笔工具下的滑块（见**图 4.4**）与渐变滤镜和径向滤镜相同，只是底部额外增加了可以控制画笔的滑块。这些滑块与前面介绍的渐变滤镜和径向滤镜下打开画笔模式后看到的滑块一致。

大体上，调整画笔可以通过一次或多次涂刷进行任意的画笔编辑。使用调整画笔第一次单击后，图像上会多出一个编辑标记叠层，随后涂刷的区域都会和该标记相连。可以使用大小、羽化和流畅度滑块来控制画笔指针和画笔表现，也可以进入擦除模式擦掉画笔的涂刷。如果有 Wacom 绘图仪和电容笔，可以通过在笔上加不同的力来改变画笔的力度，这样可以对涂刷进行精细的控制。涂了一笔之后就能拖曳滑块来达到理想设定。想要使用新设定新画笔，必须单击面板上方的"新建"按钮，退出目前这个编辑标记后再重新单击图像，建立新的编辑标记。一个加快速度的小贴士是，在进行涂刷调整时，按住 Q 或 R 键退出当前编辑模式，进入新建模式，这样下次单击预览时就会添加新的编辑标记。

每次添加编辑标记时，会同时添加一个很有效的蒙版，它会记录下画笔编辑信息。这确实增加了元数据的文件大小，但是没有你想的那么多，因为蒙版数据是被压缩的。一个更大的问题是，添加多个画笔编辑标记后会发生什么。Lightroom 要经过很密集的处理才能生成预览。这是因为 Lightroom 需要计算主要滑块的调整，另加蒙版画笔调整。每次用画笔调整时，Lightroom 不得不连续匆忙更新修改照片模块下的预览。添加编辑标记，也是在将问题复杂化并成倍加大问题。因此编辑标记越少越好。一旦达到了 5 个或更多，可以明显感受到 Lightroom 修改照片模块的反应变慢。而在程序的其他地方，Lightroom 处理包含复杂画笔编辑的图像毫无问题，因为其他模块使用的都是高速缓存预览文件。

多种局部调整结合

这张照片由克里斯·埃文斯拍摄。人物头顶上方不远处、靠右侧有一盏直接闪光灯，走廊深处、直接面对相机发出强烈蓝光的是另一盏闪光灯，拍摄时它们同时在闪光。这些因素让一条很普通的维修通道变得生动起来。第二盏闪光灯提供了强烈的逆光照明，并给背景带去了一抹蓝色。闪光灯照明和通道照明是如此的平衡，使得根据环境曝光后，其他灯光也能被记录下来。可以想见，我们要做很多工作才能最终完成调整，大多数是通过加深和减淡的手法来营造更戏剧化的照明效果。

在本教学范例中，你会看到人像照片中，如何在调整画笔里运用清晰度来加强肤色对比。这个手法的首次出现是在摄影师们尝试用 Photomatix Pro 来处理单次曝光人像照时。他们注意到，加入更多中间调细节对比后可以得到具有颗粒感和纹路的人像。Lightroom 和 Camera Raw 的清晰度滑块被用于局部调整后可以达到这样的效果。

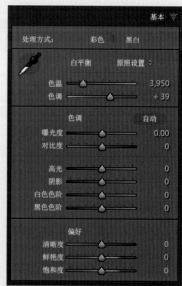

1 这是未经裁剪的原始照片，使用尼康 D800 相机、24mm 广角镜头拍摄。右侧是基本面板中的默认设定情况。

2　第一步是打开镜头校正面板，将图像调成直立。然后选择裁剪叠加工具，将人物头顶的荧光灯裁去。为了让画面更紧凑，我把左侧的走廊转角一并删去。

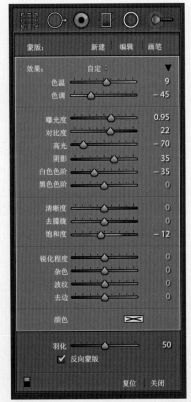

3　接下来，选择径向滤镜进行三次亮度调节。我改变了夹克颜色的色温，让它看起来更蓝一点，还将脸的色调调整得不那么红。

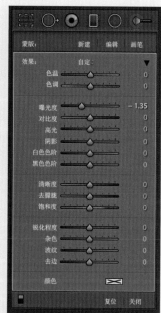

4 选择渐变滤镜，使用-1.35的曝光度设置进行了这里显示的三次调整。第一次将顶部调暗，第二次将左侧调暗，第三次将右侧调暗。

5 我在这步选择了调整画笔，对着天花板和走廊使用蓝色色温设置，把它们调暗，又对人物脸部和身体使用+100的清晰度进行调节。

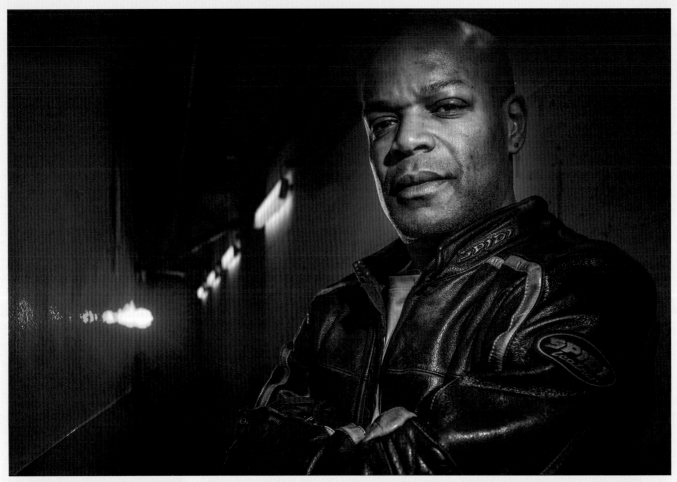

6 最后，我把RAW格式的图像在Photoshop中以TIFF格式打开，继续编辑。背景灯光使得高光溢出，从而导致了明显的色彩断层。为了修正这个问题，我加入了局部杂色、模糊处理，并改变色相/饱和度来符合该处的情况，从而柔化边缘。有一束蓝光直接打在鼻梁上，我添加了一个颜色模式的新图层，在周边提取颜色后用画笔工具涂刷了鼻子。

添加效果面板上的暗角

通过效果面板上的裁剪后暗角选项（见**图4.5**）可以很简单地根据图像的剪裁，将画面的四个角暗化。乍一看，加入镜头暗角等于让镜头配置文件校正付之东流。但其实并非如此。有些照片本身的镜头暗角会分散观众的注意力，摄影师会希望照片从中心到角落都曝光均匀；而有时候留下暗角更能带来美学享受。这是因为暗角能引导眼睛向画面中心移动。我更喜欢将镜头校正面板上的"启用配置文件校正"选项勾选上，这样几何和暗角校正会一直进行，然后在我觉得有必要或者有帮助的时候，添加裁剪后暗角效果。是否有必要添加暗角有时并非一目了然。我发现，随着对照片色调进行编辑，当主体的阴影变得越来越重时，周边会因此看起来很单调。这时添加裁剪后暗角加深周边会让照片更有深度。如果我认为基于当前的色调编辑，图像会从裁剪后暗角效果中获益，那么我会在最后添加暗角。**图4.6**所示是一个在照片中添加裁剪后暗角的例子。

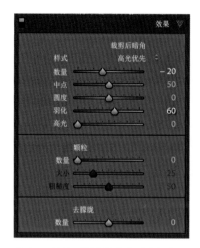

图4.5 效果面板上的裁剪后暗角选项

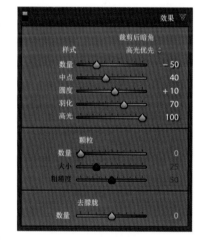

图4.6 左侧图像无裁剪后暗角，右侧为已添加效果面板上的裁剪后暗角的相同图像

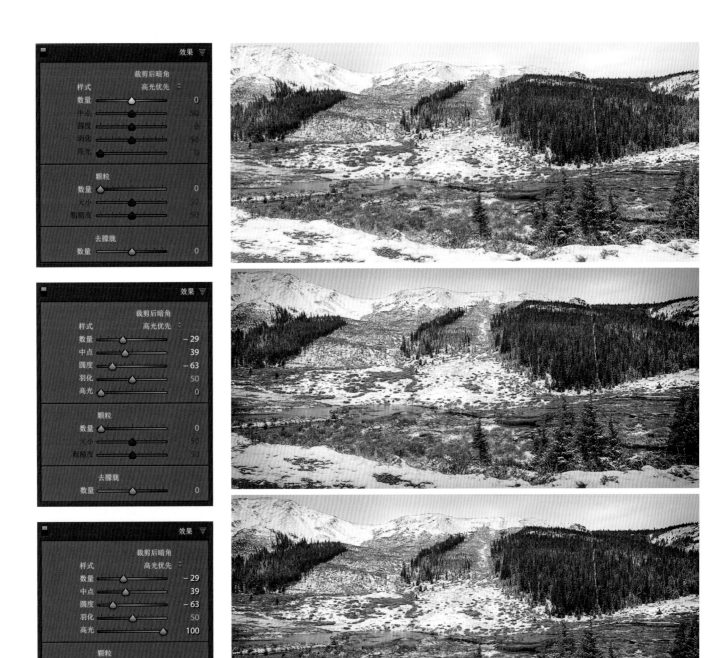

图4.7 高光优先样式下，含高光调整和无高光调整的裁剪后暗角效果对比

裁剪后暗角的选项

样式菜单里的绘画叠加选项最好不要使用，只在高光优先和颜色优先中选择。高光优先的暗角效果更加明显，因为它会在曝光度调整前添加裁剪后暗角，高光区会有一些不必要的色偏，但高光能得到更好的恢复。

图4.7所示是在科罗拉多州阿斯彭拍摄的冬日全景图。最上方的照片是未经任何效果面板设置的版本，中间一张添加了高光优先样式的裁剪后暗角。最下面一张中，高光滑块被拉到了+100。仔细观看边缘，会发现调整高光后，更多高光细节被保留了下来。暗角依然存在，但在高光中不那么明显了，边缘的暗化也更多集中在阴影部分。

颜色优先样式的暗角效果更柔和。它发生在基本面板的曝光度调整完成之后、色调曲线调整之前。这样一来，被加深区域的色偏会降到最低，但高光不会得到修复。建议先使用高光优先样式，如果暗角看起来太强烈的话，再选择颜色优先样式。无论选择哪种样式，只要添加反向设置，高光滑块都会处于激活状态，以便增加中间调到高光区域的对比（中间调较暗的区域除外）。基本上，提高高光就能中和裁剪后暗角在较亮区域的效果，比如说天空，但不会对图像上较暗区域的效果有太多影响。

Photoshop 调整

Lightroom的局部调整快捷且简单，多数情况下是非常棒的工具。但如果要使用调整画笔进行复杂编辑，那情况就不同了。我们可以用调整画笔做各种操作，比如给一张照片手动上色，但正如前面提到过的，如果选定区域很复杂，或者加了多个编辑标记，Lightroom的运行会很快慢下来。污点去除工具的使用范围太广的话，也会导致这个问题。当程序内部整理自检的麻烦超过使用Lightroom的好处时，就该用Photoshop来完成复杂图像编辑任务，因为Photoshop对画笔涂刷和修饰图像操作的反应更快，且在工序上也更灵活。有鉴于此，掌握Photoshop的图像调整和无损局部调整技术很有帮助。

1 这是一张 RAW 格式的照片，基本面板显示的是默认设置。

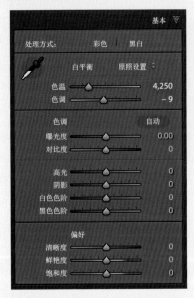

添加蒙版曲线调整

2 我用 Lightroom 优化了图像，得到了理想的对比度，然后在 Photoshop 里打开图像，使用仿制图章和污点修复画笔修饰了照片。

3 使用套索工具选中眼睛，单击调整菜单（图层面板中被圈出处），选择曲线，这样就能添加一个曲线调整图层，并会根据套索选定区域自动加入图层蒙版。在属性面板中可以看到添加的曲线点，这样增加了对比度，并稍微提亮了眼白（不会夸张到让眼睛看起来像人工故意提亮的一样）。我还把这一调整图层放入新建的"头发和眼睛"图层组中。

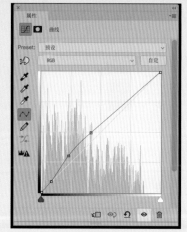

4 我添加了第二个曲线调整图层，并使用 Alt 和 Delete 键把曲线图层蒙版填充为黑色（黑色是工具面板上的默认前景颜色）。黑色蒙版能遮盖任何的调整，白色能将其显示出来。把白色设为前景颜色并将蒙版保持在激活状态后，选择画笔工具，在头发上涂刷。然后打开属性面板，加入曲线点，提亮了整个曲线，也在阴影中加入更多对比。接着我又选择画笔工具精调了蒙版。在这里，我在通道面板中选中该蒙版，使其变得可见。

5 这是最终图像效果。曲线调整有选择性地增加了头发的亮度和对比度。因为曲线调整的混合模式设为了正常，所以在对比度增加的同时，饱和度也增加了。

客户: Russell Eaton, 模特: Christine Lecoeur @ M&P Models

图4.8 调整图层选项下的图层面板

添加蒙版调整图层

前面一个例子展示了如何将曲线调整添加为调整图层。来到图层面板，打开调整图层菜单向下拉，就可以选择想要添加的调整种类（见**图4.8**）。这样就能在目前选中的图层上方添加一个调整图层，该图层下方的每个图层都有效。我一般选择曲线去进行提亮或调暗调整，你也可以选**图4.8**中任意一项添加其他类型的调整。新建了调整图层后，图层蒙版就被填充为白色，调整就会被添加到整个画布上。如果在工具面板中把前景色设为黑色，然后使用Alt和Delete键填充黑色，调整就会被完全隐藏起来。可以选择画笔工具涂刷白色（或者白色黑色阶梯渐变），那么就能自由隐藏或者添加调整到某个选中的区域（就像前一个例子一步步所显示的）。单击调整图层和下方图层之间的空隙处，调整图层就被钉到了下方图层的内容上。也就是说，如果下方图层包含图像或图形形状，调整图层的效果只会发生在下方图层上，而不影响其他。

添加填充中性色图层

Photoshop中，还有一个进行局部调整的方式：通过改变图层混合模式，添加填充中性色图层。按住Alt键的同时单击新建图层按钮后，会跳出新图层对话框，可以在里面选择新图层混合模式，再勾选下方的"填充叠加中性色（50%灰）"选项，只是该选项在溶解、实色混合、色相、饱和度、颜色和明度的图层混合模式下无效。这样就新建了一个填充中性色的图层。比如，在滤色模式下，黑色是中性色；在正片叠底模式下，白色是中性色；在叠加、柔光和强光模式下，中性色是50%灰。新建了填充中性色的图层后，只要不改变图层颜色，下方其他图层就不会受影响。如果选择滤色模式，并刷上白色，图像会被提亮，重新刷上黑色后，效果就会被抵消，或者，可以涂上不同程度的灰色来取得中间的效果。

叠加、柔光和强光模式很有趣，因为它们能加大对比度。这里填充中性色是50%灰。刷上亮一些的灰色或白色更能调亮亮色调，而非暗色调，但刷上暗灰色或黑色则更能提亮暗色调。叠加图层混合模式的效果强烈，硬光模式更强烈，柔光模式的对比度调整效果是舒服而柔和的。这个经验有时能帮助解决一些特殊问题。我发现大多数情况下，加入曲线调整图层后编辑图层蒙版是更合适的方法，因为这样能更好地控制色调和蒙版。

使用填充中性色图层

下面展示的是如何添加填充中性色图层，如何调整图层混合模式来达到不同的局部调整效果。

1 这招照片在Lightroom里优化后，在Photoshop中打开。在这一步，按住Alt键的同时单击图层面板中的新建图层按钮（圈出处）。

2 这样就能打开新建图层对话框。在模式下拉列表中选择叠加混合模式，这样就能勾选"填充叠加中性色（50%灰）"选项。单击"确定"按钮后，一个新的叠加混合模式填充50%中性灰的图层就新建完成了。中性灰对下方图像无影响。

3 现在可以修改填充中性色图层来让画面变得比50%中灰深或浅。在这个例子中，我选择画笔工具，并选择少许暗一些的灰色为前景色，在图层上涂刷，加深选定区域并加强对比度。我用了浅一些的灰色来涂刷提亮底部区域（见左侧修改后图层小图。）

4 这是另外一个版本。回到第2步，把图层混合模式改为正片叠底。在这个例子中，50%灰把图像整体都调暗了。我选择白色为前景色，涂刷图层，移除了正片叠底效果（因为白色不会影响正片叠底模式）。

第5章
照片重构

重塑视图与透视

5

图像内构图

裁剪

　　图像的裁剪方式对内容的呈现和构图的力度大有影响。有的摄影师喜欢在相机里裁剪。这样做是一种很好的操作规范，但也会被限制在相机画幅的长宽比中。一种理想的做法是拍摄时注意让画面更紧凑，毕竟一个初学者们常犯的错误就是站得离拍摄对象太远。不过我还是认为，在四周留下一点余量，不受长宽比限制以备裁剪是很聪明的行为。我的背景是商业摄影，从中我学到了在照片中留出备用空间的重要性。这是因为客户或艺术指导可能会提出特殊裁剪要求，以满足页面排版或包装设计需要，这时就需要照片灵活地去适应排版，而非排版来适应照片。比如说，照片最后的构成中可能要包含大标题或覆盖在照片之上的图形的位置。另外，更有可能的是，照片必须要能满足不同排版所需的裁剪要求。因此，在相机中尽量裁剪是好习惯，你也不愿意在裁剪时浪费像素，但给自己的后期裁剪精修留一点空间还是很明智的。有一些法则解释了为什么一些类型的构图比另一些更好。三分法就是把画面分成9个大小相同的区域。**图5.1**所示是此类构图的一个经典例子。还可以对称构图或者将场景里的元素以黄金分割法排列。

不过，与其过度分析画面，建议还是浏览一遍自己的作品，快速评价一下构图是否成功。然后再仔细观察那些你喜欢的作品，看看是否有规律可循。也许可以找到遵守经典构图规则的摄影师，但是基本上最优秀的摄影师可以用各种构图方式清楚地表达自己。好的构图本质上说，就是强调趣味，去除冗余。

有一条有用的法则是：确保画面的每一处都有意义。**图5.1** 所示照片顶部的三块区域和底部的三块区域中有不少留白，但这平衡了中间横向区域的内容。因此即便这片区域有不少空白，也有重要意义。如果，我加入了更多的天空或海洋，构图就会不平衡，会被空白的空间淹没。糟糕的构图如同一部无聊的电影，情节永远都建立不了，或者永远也不会和主角产生任何共鸣。如果照片包含分散注意力或者无关的细节，那么它和观众的沟通就不如马上能引起注意的照片来的顺畅。关键全在编辑和突出照片以及吸引注意力上。**图5.2** 展示的是我对一张全幅照片进行不同裁剪。我在每个例子中都尝试寻找新的裁剪图像的方法，以排除干扰元素，比如前景的大楼顶部、大楼阴影或指示牌。同时，我每次都观察寻找画幅中的有趣形状。请注意，最下面的图像与Lightroom黄金螺线参考线叠加的比例相匹配。

图5.1 符合三分法构图的照片示例

图5.2 全幅照片（左上）与不同的裁剪效果

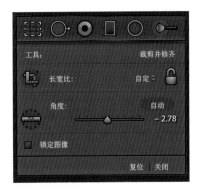

图5.3 裁剪叠加工具控制面板

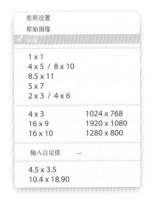

图5.4 裁剪叠加长宽比菜单选项

Lightroom 裁剪叠加工具

图5.3所示的是裁剪叠加工具选项。最简单的使用方式是，将锁定图标打开，单击、拖动，确定图像裁剪范围。在预览上单击、拖动后，图像会随着裁剪区移动，如果把鼠标指针移动到裁剪叠加工具手柄下方或附近，就能调节大小、比例或者旋转裁剪区域。在长宽比菜单（见**图5.4**）内可以选择自定长宽比设置，自创长宽比。如果希望裁剪长宽比符合16:9，那就选择16:9，这样裁剪能被限制在这个比例内。单击"自动"按钮可以拉直图像。这和水平直立调整（见"直立校正调整"）的效果基本一致。还可以拖曳角度滑块来拉直图像，或者选择矫正工具，将它从面板中移出，再从图像上拖过，来确定要拉直到什么角度。勾选"锁定图像"选项可以把裁剪范围限制在非透明像素中。这项功能用于一些有透明边缘的图像，比如，一些经过镜头校正面板上的水平、直立调整后的图像。工具栏在修改照片模块的图像预览下方（按T键可显示或隐藏），其中有工具叠加菜单。启动该菜单后，可以重复按O键来循环显示参考线叠加选项，如**图5.2**所示底部图像的黄金螺线参考线。

视角

拍摄时最难的就是决定视角与时机。可以用减淡与加深的技法来改进亮度和色调平衡，但无法在后期对构图做出重大改变。但是，在本章中可以学到几个技巧，用完之后照片会像是从不同的视角拍摄的。这些内容我会介绍一部分，目的不仅是让读者学习如何在自己的照片中运用它们，而且帮助读者学会构图法和如何排列场景内的元素以达到强烈构图效果的艺术。

内容识别缩放调整

有效改变照片构图和视角的一种方式是使用Photoshop中的内容识别缩放工具。它会自动判断哪些是照片中最重要的元素，并且能让用户调节（拉伸或压缩）照片比例，改变长宽比，同时重要元素保持不动。下面这个例子可以更好地解释本工具，可以看到我如何通过一步步操作把照片构图变得更紧凑。

将元素压缩在一起

这张照片的内容有吸引力，因此潜力很大。摄影师理查德·埃尔斯解释："拍摄所用的相机是富士X20，在Lightroom里已经处理过了。照片场景是尼日利亚的一场儿童派对，孩子们都跑到室内去躲雨了，把沮丧的米老鼠留在外面，还有一双不要的鞋子和一只孤零零的气球。"

看原始图像时会发现，每个关键元素分得很开，主体离相机也很远。接下来几步中，我会展示如何重新构图，把所有东西都放进经典正方形裁剪中。类似的效果通过改变拍摄视角也能达到，只需要拍摄时角度更偏右，使用焦距更长的镜头。这样的话，在Photoshop中要做的额外工作就很少了。

1 照片中，有一些东西产生的视觉效果很有趣，另一些会分散注意力。照片的潜力巨大，因此值得去修改一点构图来改善主要元素的排列。

2 我想往后退一步，分析场景中的元素，并思考如何更好排列它们。照片是在A处使用广角镜头拍摄的。因此，主要的元素，比如米老鼠、玩具房、鞋子和气球最后都看起来不知所谓。玩具屋和米老鼠之间空隙很大。现在，想象照片是在角度更向右的B处拍摄的，镜头焦距也略微长一些。这样的视角能让元素显得更紧密。使用Photoshop内容识别缩放工具，就可以假装照片是从另一个视角拍摄的。

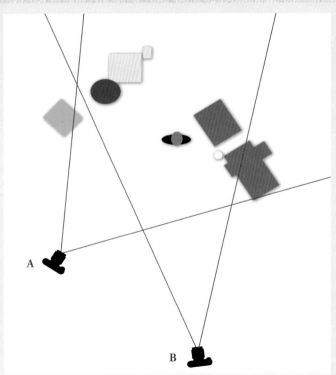

3 在Photoshop中打开照片。为了准备进行内容识别缩放，我在通道面板内新建了一个Alpha通道，在图层蒙版可见并填充黑色的状态下，我把最重要的区域刷成白色。这样就界定了不需要缩放的区域，并把它们保护起来。

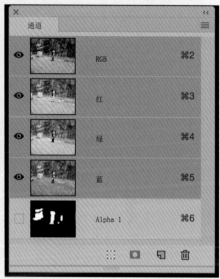

4 背景图层转换为图层0后，我选择编辑菜单中的内容识别缩放。在选项栏中的保护菜单中，我选择Alpha 1，并选中保护肤色选项。然后把右侧手柄向内拖，把选中的元素变得更加紧密。

5 单击"确定"按钮，接受内容识别缩放变换。然后选择裁剪工具，将照片裁剪成了这里显示的最终的正方形版本。

内容识别缩放控制

内容识别缩放功能可以重塑照片的长宽比，横向或纵向拉伸照片，在改变画幅关键元素位置的同时不产生畸变。内容识别缩放能有效地重塑照片以适应不同排版，但是无限度地拉伸照片且不损伤内容也是不可能的。边缘检测尤为擅长识别哪些需要拉伸，哪些无需拉伸。若边缘检测发生问题，那还有几件事情可以做。在内容识别缩放工具栏中有保护肤色选项（见**图5.5**圈出处）。激活后能提高边缘检测的效力，这样具有皮肤色调的主体就能得到更多保护。实际上，保护肤色选项不仅能识别皮肤色调——它还能在缩放图像时保护其他可辨识的形状不畸变。可惜一旦它被激活，工具会以为需要保护的元素有许多，有效缩放的能力会被限制。

保护元素有一种更精准的方法，即新建Alpha通道，在图层蒙版上把要缩放的区域刷黑，要保护的区域刷白（如前例中第3步所示）。可以在内容识别缩放工具栏中的保护菜单载入Alpha通道。或者，还可以用反相蒙版做相反操作，用蒙版界定一些区域，这些区域会在图像收紧时如你所愿的消失。

进行内容识别缩放调整时要小心锯齿形边缘，它们会在图像比挤压得更紧的地方出现，也要注意像素被拉开后是否有明显的拉伸痕迹。还可以使用工具栏里的数量滑块。数量为100%时会添加全内容识别缩放，为0%时会添加全图像变换。这样可以平衡与普通变换一起进行的内容缩放调整的数量。另外，可以一步步添加内容识别缩放。只要看到锯齿边缘现象或者拉伸痕迹，就先缓一缓，把调整确认。然后再尝试第二次缩放，也许能继续拉伸或者压缩图片而不扭曲关键元素。

下面的例子展示了如何使用内容识别缩放扩大照片比例以在中间主体周围加入更多空间。

| ⊞ | X: 700 像素 | △ | Y: 525 像素 | W: 100.00% | ∞ | H: 100% | 数量: 100% ⌄ | 保护: Alpha 1 | 👤 | ⊘ | ✓ |

图5.5 内容识别缩放工具栏选项

延伸画布区域

盖·皮尔金顿的这张照片拍的是一位街道清洁工。我特别喜欢它丰富的色彩还有墙与门口的质感。我唯一的意见是，照片两侧的空间可以更大一些，这样构图会更好。好在可以使用内容识别缩放，就像前文说的，来增加照片两侧空间的同时保持关键区域不被扭曲。

1 这是原始版本，裁剪十分紧密，但我们依然有机会加宽照片。

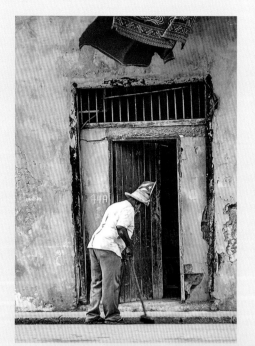

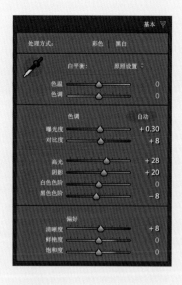

2 在这一步里，我用 Camera Raw 打开 JPEG 格式原图。在基本面板略微提高曝光度，调整高光和阴影，还精调黑色色阶滑块来调整黑色修剪点，增加少量清晰度。

3 然后再用 Photoshop 打开图像，双击背景图层后将其转变为普通 Photoshop 图层。接下来选择裁剪工具，扩大图像画布范围，在两侧加入更多空间。

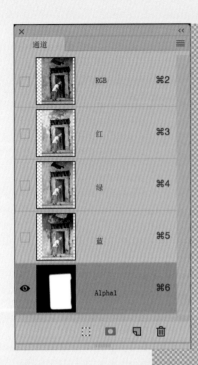

4　我在通道面板内新建了Alpha 1通道，填充黑色，并把门口的大致区域刷白。之后选中RGB通道，隐藏Alpha 1通道。

X: 1368.50 像素 ⚠ Y: 1500 像素 W: 100.00% H: 100% 数量: 100% 保护: Alpha 1 Dual Display new

Photograph: © Guy Pilkington

5 来到编辑菜单，选择内容识别缩放。图上多了一个包围盒用于拉伸照片。在拉伸前，在工具栏中保护菜单里选择了 Alpha 1 通道。这样把手柄往外拉的同时门口区域不会被同时拉伸。单击保护肤色按钮后拉伸的质量也能提升。

图像内构图　**157**

图 5.6 镜头校正面板的基本控制选项卡

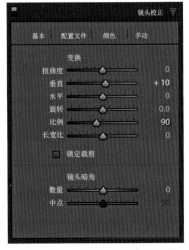

图 5.7 镜头校正面板手动选项卡控制滑块

直立校正调整

镜头校正面板上带有直立校正（Upright）调整按钮。单击它可以对图像进行视角直立校正（见**图 5.6**）。直立校正其实很复杂，重新计算视角时要考虑新的投射中心，还要考虑一种运动的旋转会如何影响其他运动。校正选项共有 4 个——自动、水平、垂直和完全，另外还有一个重置校正的关闭按钮。直立校正只有在包含直线的照片上才有效，对其他类型的照片无用。因此，直立校正在需要透视调整的建筑照片上是最有用的。最佳使用方式是 4 个选项按钮分别单击一遍，然后选择最佳直立校正效果。

直立校正选项

使用水平校正就像下了一项自动拉直命令，只会把边缘拉到水平和垂直状态。垂直校正融合了水平校正和汇聚垂直线校正功能。完全校正则融合了水平校正、垂直校正和汇聚垂直线校正，能产生最深刻的校正效果。同时，自动校正能把三种校正都兼顾到，均衡组合，也避免了对透视做太多调整。

精调校正

如果照片经过裁剪的话，再进行任何一种直立校正都会撤销裁剪。因此最好先做直立校正，再裁剪图像。直立校正会改变图像形状，在进行调整的同时，自动裁剪照片。如果最后的调整是很极端的，画幅边缘可能会出现白色缺口（如下例第三步所示）。可以手动裁掉缺口，勾选"锁定裁剪"选项也能避免缺口产生。（我一般喜欢手动裁剪。）

直立校正若将垂直线完全拉直，那图像会看起来有些奇怪。这时手动选项卡就能帮到你。比如说，可以在单击后拖动垂直滑块到 +10 来让垂直线看起来有一些汇聚的趋势。手动控制中还能调整扭曲度（是一个手动几何畸变校正）、调整垂直线和水平线汇聚、调整旋转。如果希望缩小比例，显示更多可能被直立校正裁剪掉的区域的话，比例滑块很有帮助。最后，长宽比滑块可以用来补偿透视校正所带来的图片拉伸或挤压问题。

进行直立校正调整

下面这些步骤展示了如何进行直立校正以及如何在 Photoshop 中填充极端直立校正造成的透明区域。

1   这张照片拍的是得克萨斯州阿玛里洛的得州大佬牛排农场外面的公告牌。

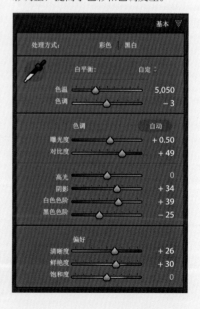

2   我在基本面板里做了一些色调和色彩调整，提高了色彩和色调反差。

3 在镜头校正面板中，勾选"启用配置文件校正"和"删除色差"选项。我还单击了完全直立校正按钮来进行极端透视校正。

4 上面的直立校正扭曲了图像，四周出现透明区域需要填充。在Photoshop中打开图像，选择仿制图章来复制草地。为了填充天空，用魔棒选中了左上角。然后单击"选择"→"修改"→扩大选取10像素。接下来我又选择了"编辑"→"填充"，然后用内容识别方式进行填充，未勾选"颜色适应"。

5 这是完成第4步内容识别填充后的效果。因为未勾选"颜色适应",空白区域的填充中有云的细节,与天空其他部分类似。如果天空是一片蓝,没有云,那么最好勾选"颜色适应"选项。

6 最后就是裁剪照片,收紧到宽屏大小,与公告牌成比例。

自适应广角滤镜

镜头校正面板可以添加镜头配置文件校正几何畸变。它能校正弯曲的直线，哪怕照片是用鱼眼镜头所拍摄的。这样的校正是全面的，会根据对每个镜头几何畸变的了解，对整个画幅实施重塑。虽然这种手段往往能产生不错的图像效果，但是使用广角镜头的摄影师有时更能从选择性透视校正中获益。这是因为在进行几何畸变校正时，画幅边缘的物体会显得被拉长一般，圆形物体看起来是鸡蛋的形状。这时候就要使用自适应广角滤镜来进行选择性透视校正。

在本例中，我在全画幅数码单反相机上装配14mm镜头拍摄了这张格兰芬兰纪念碑的照片。我不得不将镜头略微上翘来拍摄塔楼全景。使用自适应广角，我可以校正汇聚垂直线并确保墙壁和塔楼边缘完全垂直。自适应广角滤镜对纪念碑进行了独特的透视校正。但因为没有校正顶部和底部，视角看上去要比以前更近。

1 这是原图，用全画幅数码单反配备14mm常规镜头拍摄。我在Lightroom中打开此图，进行基本自动校正，也并未勾选镜头校正面板中的"启用配置文件校正"选项。

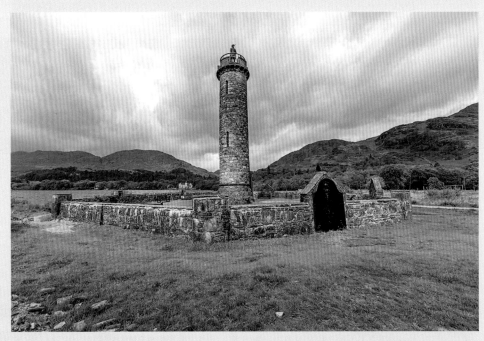

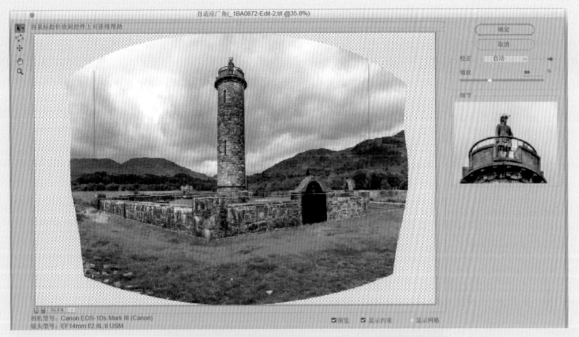

自适应广角(_1BA0872-Edit-2.tif @35.8%)

将鼠标指针放到控件上可获得帮助

确定

取消

校正 自动

缩放 99 %

细节

相机型号：Canon EOS-1Ds Mark III (Canon)
镜头型号：EF14mm f/2.8L II USM

☑预览 ☑ 显示约束 ☐ 显示网格

2 来到照片菜单，选择"在应用程序中编辑"→"在Adobe Photoshop中编辑"。在那里，从滤镜菜单中选择了自适应广角。勾选约束工具之后，加入了约束来表明图像中的哪根线应该被拉直（线被涂成了蓝绿色），如果线要保持绝对的直，就在加约束的同时按住Shift键。即图中紫色垂直线和黄色水平线。我还略微缩小了比例，然后单击"确定"继续。

3 这是处理后的最终效果，我裁剪了照片并用内容识别填充工具填充了照片的4个角，操作方法与前面描述的一系列步骤一样。

图像内构图 **163**

移除椭圆畸变

1 这张照片是用全画幅数码单反相机和14mm镜头拍摄的。自行车轮胎看上去被拉伸过，呈现椭圆形。

2 这一步中，展开镜头校正面板，勾选"启用配置文件校正"，然后选择Upright模式下的垂直校正改进建筑物的透视。这样一来，轮胎的畸变更严重了。

自适应广角 ([NZ_41E]CLGHS1LOUT3(R5.png @ 100%)

将鼠标指针放在控件上可获得帮助

确定
复位

校正(T)：透视

缩放(S)　　　　　　　85　%
焦距(F)　　　　　　12.00　毫米
裁剪因子(R)　　　　 1.09

□ 删照设置(A)

细节

100%

相机型号：— (一)
镜头型号：—

☑ 预览(P)　☑ 显示约束(W)　□ 显示网格(R)

3 撤销第2步的校正，回到第一步的状态。来到照片菜单，选择在"应用程序中编辑"→"在Adobe Photoshop中编辑"，打开Photoshop后，在"滤镜"菜单中选择自适应广角。然后选择透视校正方法，加入一些垂直线、水平线和常规约束线来校正直线。接着使用多边形约束工具界定自行车轮胎形状并单击"确定"。

4 前一步中，我选择性地校正了建筑线条和自行车轮胎。我故意不校正底部（远离轮胎处）以保持广角畸变。最后，选中左下方和右下方区域，用内容识别的方法将其填充。

小贴士

最好在使用自适应广角滤镜前先把图像转化为智能滤镜。这样就能随时返回重新编辑设置。

注意

利用Photoshop编辑菜单的操控变形可对图像进行自定变形。

自适应广角滤镜控件

在前面两个例子中能看到，自适应广角滤镜能非常有效地对透视进行选择性校正。起始对话框预览图会根据后台所用的校正类型而变化，比如自动、透视或语言。大多数情况下，系统会自动选择自动校正。这样添加的就是"形状适应"投影校正，而非几何意义上正确的透视校正，它强调图像中的形状应和离开观众的距离成比例。要理解它们的关键区别，就要记住，Lightroom的镜头配置文件校正或Photoshop的镜头校正滤镜，会不惜以图像投影扭曲为代价去优先获取正确的几何构成。使用自适应广角滤镜时，校正的优先则是牺牲几何构成，保持场景中的元素比例正确。

要高效使用自适应广角滤镜，最好之前不要进行镜头配置文件校正，尤其是编辑鱼眼镜头图像时。"形状适应"投影是第一步，在此基础上可以添加多个约束来确定哪些区域需要显现出"正确透视"。随着约束越来越多，实际上就在推翻起始选择的投影，并在图像的某个特定区域加入透视类型投影。

自适应广角滤镜神奇的秘密在于阅读相机机身和镜头的可交换图像文件元数据。因此它能参考镜头配置文件数据库，让用户通过添加约束添加几何正确的透视校正。在这样操作的时候，它会用操控变形的方法来拉伸或挤压约束线之间的像素。编辑约束的方法是，单击选中约束线后调整终点。假如一开始将建筑物的线条调整垂直，然后又想略微改变一下角度，让线可以有汇聚的趋势，这时编辑旋转就很有帮助。

合并图像校正

自适应广角在校正合并图像时尤其好用，无论图像是在Photoshop中用Photomerge合并的，还是在Lightroom里用"照片"→"照片合并"→"全景图"的方式合并的。和处理一般图像一样，滤镜会阅读镜头配置文件数据并考虑合并照片的变形问题。这意味着，加入约束线的同时，滤镜会清楚地知道如何追踪弯曲畸变的线条来校正弯曲的边缘，让它们看起来是直的。自适应广角滤镜在改善用照片合并技术创作的全景图方面效果卓著。

在合并全景图中校正透视

1 为了创作这张合并全景图，我先在Lightroom中选择10张照片，然后单击"照片"→"照片合并"→"全景图"（下一章中将会详细介绍这个流程）。这样就产生了这里的全景图，图像都平滑地混合在了一起，但是垂直线和水平线需要更好地对齐。

2 在Photoshop中打开图像，添加自适应广角滤镜。软件默认选择了透视模式，然后我加入了这里显示的约束线。

3 然后编辑焦距设置。把表面焦距从10.4mm增加到20.8mm，这样照片就显得不那么"广角"了。

扩展选区 ×

扩展里(E): 10 像素 　确定

☐ 应用画布边界的效果 　取消

4 将第3步、第4步的自适应广角校正确定好后，使用魔棒选中外部透明区域，然后单击"选择"菜单，选择"修改"→"扩展"，在这里扩展了10像素。接着单击"编辑"→"填充"，对选中区域进行内容识别填充。

5 在 Photoshop 保存图像，然后继续在 Lightroom 中编辑，添加一些基本面板色调和色彩调整，提高对比度和色彩饱和度。

第6章
混合多张图像

6

将多张图像合并为一张

合并照片

　　摄影往往只给你一次机会去捕捉所有细节，因此完善自身技术、了解如何应对各种状况是很重要的。但有一些情况下有时间去捕获正确的图像，可以用多重曝光拍摄同一场景，再在后期用混合技术合成，这里面涉及的内容有许许多多。在本章中，将会学习如何用Lightroom和Photoshop处理多张图像，提高照片的处理潜力。我和同事杰夫·舍韦有一次一起开车在路上，他对我说："有的地方你一生只去一次，但你有一辈子的时间去处理拍摄的照片。"换句话说，在任何情形下，我们都要尽可能多地把细节记录下来，这样后期时就有更多的选择余地来做各种有趣的处理。

　　这类拍摄代表着"犹豫的时刻"即通过拍摄多张照片来打了个赌，赌后期可以将最好的部分合成进最终图像中。比如，在拍摄时进行包围曝光以扩大动态范围；平移相机，用多次曝光拍摄一个场景来合同一张全景图；或者是结合包围曝光，来创作一张高动态范围（HDR）全景图。通过简单地多拍照片，就能使用基本或高级的混合技术把最好的部分合并起来，创作出最佳混合体。或者，还能通过对焦包围，加深景深。我们从一个例子开始讲解。在这个例子中，我用堆栈模式处理技术把多次曝光的树合成在一起，同时还合成了每次曝光中记录的斑驳阳光。

堆栈模式处理

在我们当地的森林里散步时，我总会路过照片里的这棵树，直到最近才决定花点时间来拍它。我把相机装在三脚架上，在那里待了近半小时，只要树上斑驳的阳光显得有趣，我就反复拍照。我这样做的目的是把所有照片合成进一张。当然了，要创作这样的照片，需要先有一把可靠的、稳定的三脚架，这样照片就不会在几次曝光之间移动，另外还需要一点耐心。

这里展示的方法是智能对象里的堆栈模式。我要说明的一点是，在不久前，只有扩展版本的Photoshop才配备了创建智能对象功能，现在已经推广到了Photoshop CC。如果你的Photoshop没有智能对象功能，通过手动设置每一个图层并设置每一个图层的混合模式为变亮，也可以达到相同的效果。虽然耗时略长，但最后效果和使用最大堆栈混合模式几乎是一样的。

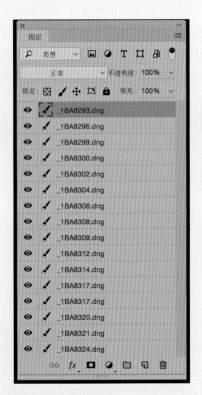

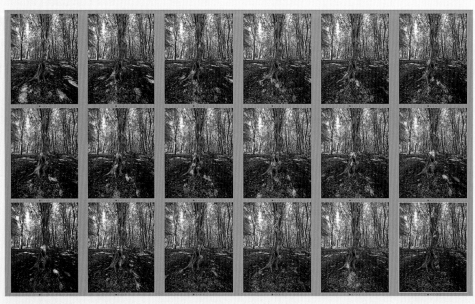

1 我在Lightroom选择了18张源照片，来到"照片"菜单，单击"在应用程序中编辑"→"在Photoshop中作为图层打开"。这样就创建了新的Photoshop文件，选中的照片在图层面板里显示为堆叠起来的图层。

2 为了给下一步处理做好准备，需要选中所有图层，快捷键是 Command+Alt+A(Mac) 和 Control+Alt+A(PC)。然后选择"图层"→"智能对象"→"转换为智能对象"。

3 接下来来到"图层"菜单，选择"智能对象"→"堆栈模式"→"平均值"。这样就能在智能对象范围内处理照片，得到这种对比度较低的效果。

4 选中智能对象图层后，单击"图层"→"新建"→通过拷贝的图层。现在，在图层面板中选中拷贝智能对象图层，单击"图层"→"智能对象"→"堆栈模式"→"最大值"。这样就能在智能对象范围内处理照片，产生把所有图像的斑驳阳光合成在一起的效果。

5 这一步中，在智能对象图层上部添加填充为黑色的图层蒙版。然后把图层混合模式改为明度，选择画笔工具，用白色前景色涂刷图层蒙版，选择性地暴露树干和前景的斑驳光效。

6 上面的处理略微模糊掉了背景里的树叶。在这里，打开原版系列照片中的一张，新建为图层。然后添加黑色填充的图层蒙版，并把背景里的树和叶子刷白，来让它们显示出来。为了暗化背景，添加曲线调整面板，压低了高光。接着涂刷调整面板的蒙版以隐藏树干和前景。

7   最后保存分图层图像，这样它就能自动加入Lightroom目录。回到Lightroom把照片转成黑白，加入
一点棕褐色分离色调效果，并添加暗化镜头暗角。

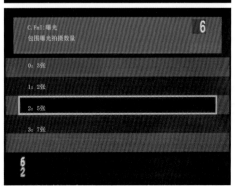

图6.1 佳能EOS相机包围曝光设置选项

创作高动态范围图像

扩大传感器动态范围的最佳方式是按包围曝光顺序拍摄一系列照片，然后再进行高动态范围合并。合并的手段有很多。可以使用第三方程序，比如Photomatix Pro；Photoshop里也有"合并到HDR Pro"功能，现在Lightroom内也加入了HDR照片合并功能。我以前使用过Photomatix Pro，发现控件与"合并到HDR Pro"相比更简单易用。我觉得Lightroom的HDR照片合成方法很方便，因为不需要再打开Photoshop进行高动态范围处理。最好能把处理完成的图像输出为DNG格式。这样照片就直接由原始文件里的原始数据生成的，而不是绕一圈，先把文件数据转化为整体像素数据，再建立浮点母文件生成。带来的另外一个好处是处理高动态范围照片时，可以使用熟悉的修改照片面板控件。

高动态范围拍摄贴士

创作高动态范围图像，需要按包围曝光顺序拍摄两张或以上照片，每次拍摄调整曝光两挡以上。相机里也许有菜单控件可以进行包围曝光摄影、设定曝光增量和按照高动态范围顺序拍的包围曝光照片数量（见**图6.1**）。包围曝光模式启动后，只需要不断按下快门按钮，快速拍摄3～5张照片即可。手持相机拍摄的效果可能还不错，但最理想的还是把相机装在三脚架上。设置相机进行高动态范围顺序拍摄时，要确认取消自动对焦，进行手动对焦。相机的测光模式应设为手动，镜头光圈大小保持不变。这是因为拍摄包围曝光照片时，镜头光圈必须全程一致（因此景深也不变）。

使用Lightroom的HDR照片合并功能处理包围曝光图像时，只有仅合并两张图像时才能取得非常不错的效果。其他情况下，还是建议按顺序拍摄3张、5张或者7张。大多数情况下，3张照片就足以记录高动态范围的场景了，分别使用负两挡曝光、正常曝光和高两挡曝光。

拍摄负片的摄影师们往往有能力捕捉高动态范围色调，这一点令人不得不佩服，这也与胶片的冲洗有关。在暗房时代，可以为印刷纸选择合适的反差级别，并根据需要，有选择性地提亮或调暗图像。从这个方面看，高动态范围拍摄和处理并不是什么新鲜事，它仅仅是一种数码技术，让你能操控扩大了的色调范围。

在 Lightroom 里合并高动态范围照片

使用 Lightroom 的 HDR 照片合并功能会让处理两张或更多的包围曝光原始照片，将其合并为一张高动态范围 DNG 格式图像变得很简单。

下面的照片拍摄于标志性的凯迪拉克庄园。该庄园由一群艺术家于 1974 年创建，当时被称为蚂蚁牧场，它的最大特色就是有 10 辆凯迪拉克一半埋在得克萨斯州阿玛里洛西边的农田里，农田正好在历史悠久的 66 号公路旁。这个艺术作品离停车场只有短短的步行距离，正好可以消耗掉在当地得州大佬牛排农场里吃下去 32 盎司牛排。

考虑到这些凯迪拉克的车龄，车的状况还算完好，尽管有些车看起来已经快散架了，全靠喷图彩绘来撑起框架。我去参观的时候，太阳很高，因此阴影就很深很强。正如下面中间照片所显示的那样，这个场景是比较棘手的，很难用一次拍摄就搞定。解决的办法是拍摄包围曝光顺序照片，在正常曝光以外，分别升降两挡曝光。然后我就能使用 Lightroom 里的 HDR 照片合并功能把三张原始照片混合在一起，创作出一张可以在 Lightroom 里被当作普通原始照片编辑的 DNG 格式的高动态范围图像。高动态范围合并照片会产生 16 位浮点的 DNG 文件，其中曝光度滑块的范围可以扩大到正负 10 挡。

图 6.2 设置元数据面板显示 DNG 信息后，可以看到高动态范围 DNG 含有浮点像素数据和 16 位位数深度

1 我用包围曝光拍摄了一辆凯迪拉克车，每次拍摄变化两挡曝光。

2 在Lightroom里，我把第1步里的
3张照片选中，单击"照片"→"照
片合并"→"HDR"。这样就能打开
HDR合并预览对话框。由于拍照时
摄像机是手持的，因此我勾选了"自
动对齐"，也勾选了"自动调整色调"。
伪影消除量选项里，我选择了无，因
为这里没有明显的主体位移。随后我
单击"合并"。

3 这就是Lightroom产生的HDR照
片合并图像。因为在HDR合并预览对
话框里勾选了"自动调整色调"，软件
添加了自动色调设置，我在后面可以
对其进行修改。在Lightroom里处理
高动态范围图像，往往需要将高光滑
块拉到-100，阴影滑块拉到+100。这
样的滑块调整组合会让中间调显得特
别平，不过增加清晰度就能解决这个
问题。

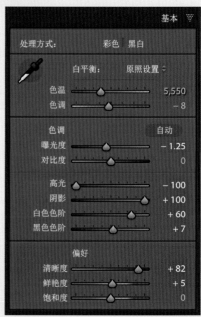

4　在基本面板的白平衡区，把白平衡调得更加冷，这样能给天空加入一点蓝色。然后展开色调曲线面板，把曲线形状调整为如下图所示，给阴影和高光区域加入更多对比。

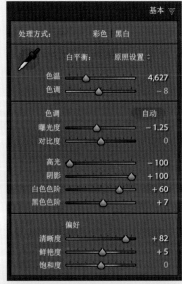

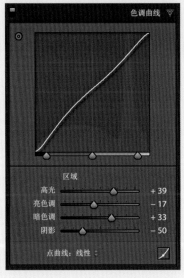

5 最后，通过添加径向滤镜让图像中部颜色更温暖，并略微提高曝光度。这样车就和周围环境形成了漂亮的色彩对比，涂鸦也显得更加突出。

创造全景照片合并图

Photoshop 里的 Photomerge 功能这些年取得了长足的进步。在 Lightroom 里可以合成高动态范围照片，还可以创作全景图照片合并图，它们也会保存为 DNG 文件。也就是说，如果源图像是 RAW 格式，那么合成后的全景 DNG 文件的编辑方法和普通 RAW 格式图像是一样的，在提取高光和阴影细节方面，它的灵活度会符合你的期待。

使用三脚架拍摄一定会有所帮助，但是在创作全景照片合并图方面，不使用也不会造成太大的困难。主要注意曝光是否平均，并要确保能获取每张照片中高光和阴影的所有色调信息。如果无法保证，那么可以在拍摄全景图的每一个部分时都使用包围曝光，用 HDR 照片合并功能将它们合成，编辑 DNG 格式的高动态范围照片来取得最佳的色调输出。做完这些后，可以选择编辑后的 DNG 格式的高动态范围照片，再用照片合并功能拼成全景图。

注意

Photoshop 中把全景照片合并处理称为 "Photomerge"，而 Lightroom 中则把它称为 "照片合并"。

1 在这里可以看到 3 张按全景图顺序拍摄的照片。我故意使用比正常曝光更暗一些的设置，以保证记录下所有天空的高光细节。

2 在Lightroom里选中了这3张照片后，来到修改照片模块里的"照片"菜单，选择"合并照片"→"全景图"。这样就打开了全景合并预览对话框。勾选"自动选择投影"选项，最后软件选择了球面投影方式。由于效果不错，我单击了"合并"按钮。

3 这样就形成了一幅全景DNG格式图像。它被自动加入Lightroom目录，放入源图像的文件夹中。在修改照片模块，进行如下图所示的基本面板调整，提亮了全景图，提高了鲜艳度。

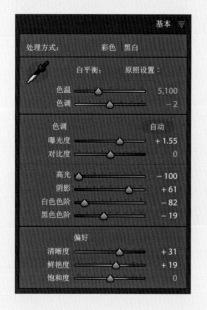

4 这是最终编辑完成的版本。我稍微裁剪了一下，移去了左上角垂下来的树枝。

图6.3 360°虚拟现实三脚架头

投影选项

Lightroom的全景图照片合并功能提供了三种投影选项。球面法最适合将多行照片合并为全景图，圆柱法则最适合单行照片，透视法会添加笔直的几何投影。这些选项足够合并许多类型的全景图了，还可以勾选"自动选择投影"选项让全景照片合并来自动选择最适合的投影法。但是，下面这个教程将一步步展示，有时候普通Photoshop的Photomerge功能能产生更好的合并效果。

Photoshop 的 Photomerge

Photoshop的Photomerge功能已经诞生了一段时间，经过了各种改进，拼接的效果越来越准确。为了取得最佳效果，拍摄时需保持镜头光圈不变，并确保每次曝光拍摄的内容都有至少25%的重合。我之前提到过，相机理想状态下应该装在三脚架上，追求完美的话，还可以使用如**图6.3**所示的特殊虚拟现实全景三脚架头。这样就能准确地定位相机，让镜头的节点和旋转平移轴精准对齐。这会帮助避免视差现象，不会让视野里的物体在平移相机的同时显得也相对移动了一般。如果旨在创造360°球面虚拟现实图像的话，注意这一点尤为重要。一般的全景图拼接则不需要如此的精度。但是越让相机绕着节点旋转，拼接也会越成功。

在下面这个例子中，我用Photoshop的Photomerge进行超广角照片合并。先从Lightroom中开始，选择"照片"→"在应用程序中编辑"→"在Photoshop中合并到全景图"。我设置了一下，让图层在最终的合并图中混合在一起。另外一种操作方法是循序渐进型的。打开"照片"菜单，选择"在应用程序中编辑"→"在Photoshop中作为图层打开"。这样就在Photoshop中创建了分图层文档。通过在图像大小菜单，减小像素尺寸，可以限制最终全景图的大小，并加快Photomerge处理速度。然后选中所有图层，来到"编辑"菜单，选择"自动对齐图层"。这样就打开了一个类似前例第2步中所显示的对话框，可以从中选择理想的投影法。应用调整，查看全景图拼接成果。如果不满意，可以撤销上一步，选择另一种投影法。一旦全景投影结果令你满意了，回到"编辑"菜单，选择"自动混合图层"选项。这样就会在选中的图层上添加图层蒙版以得到最终全景图（如前例中第3步所示）。

超广角照片合并

以前，用超广角镜头拍摄的照片无法有效地拼接在一起。刚开始使用本方法时，我会确保镜头焦距不超过全画幅相机的35mm。但现在Photoshop的Photomerge功能使用的是镜头元数据与镜头配置文件数据库，这样广角镜头拍摄的照片可以更好地拼接。我发现用Photomerge合并广角镜头拍摄的照片会得到比较扭曲的效果，但自适应广角滤镜能将其修正。尽管这项工具主要推荐用于建筑摄影，实际上它在风光全景图主体上也十分有效。拼接全景图使用的照片是用14mm定焦镜头配全画幅数码单反相机拍摄的。Photomerge和自适应广角滤镜使得拼接照片、创造超广角画面成为可能。

小贴士

Photoshop的Photomerge过程往往会让高光和阴影溢出。因此，最好确保源图像无强烈对比，在直方图的两端都有很大的调节范围。这样最后就可以优化色彩和对比。

1 为了得到下面的全景图，我拍摄了15张独立的照片。它们都是用14mm广角镜头拍摄的，相机也装在常规的三脚架上。拍摄这一系列照片时，我的目标是每次曝光拍摄之间都有50%以上的重合。这里，可以看到，我在Lightroom里选中了所有照片。

2 在Lightroom里，选择"照片"→"在应用程序中编辑"→"在Photoshop中合并为全景图"。这样就打开了Photomerge对话框，其中我选中了自动投影选项。在底部，勾选了"混合图像""晕影去除"和"几何扭曲校正"。这样就形成了下方的全景图，每个图层上都有图层面板。

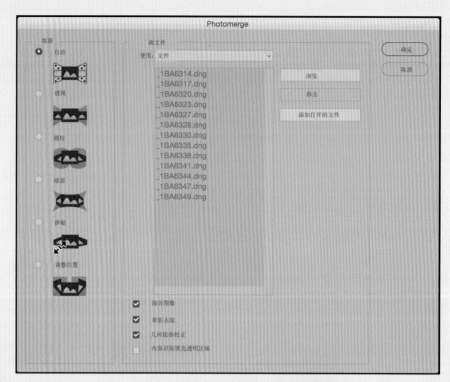

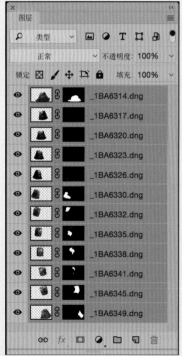

自适应广角

将鼠标指针放在控件上可获得帮助

确定

取消

校正： 全景

Scale   128   %

Detail

☑ Preview   ☑ Show Constraints   ☐ Show Mesh

Camera Model: Canon EOS-1Ds Mark III (Canon)
Lens Model: EF14mm f/2.8L II USM

17.5%

3 来到"图层"菜单，选择"拼合图像"。然后来到"滤镜"菜单，选择"转换为智能滤镜"。添加自适应广角滤镜，加入这里所示的约束来将照片调直，最后单击"确定"。

图层

类型

正常   不透明度：100%

锁定：   填充：100%

_1BA6314.dng

智能滤镜

自适应广角

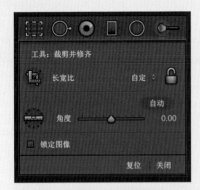

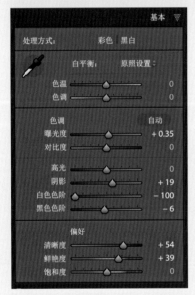

4 这里显示的是经过自适应广角滤镜调整，在Lightroom中经过裁剪的全景图。使用Lightroom基本面板，我添加了一些色调和色彩调整来达到最终的效果。

5 图像的透视明显是超广角，但同时看起来没有太扭曲。

合成多次闪光曝光图像

　　最新的电池闪光灯力度强且应用范围广，但是外出拍摄的时候，装备越轻越好。一个解决办法就是把相机固定在三脚架上进行多次曝光拍摄，用一个闪光灯头照亮场景中不同的区域。然后就能把独立的图像放在 Photoshop 中合并。下面的例子是我为地质学家强纳森·胡恩拍摄的人像照，拍摄时就用到了这个技巧。拍摄地点是一个荒凉的小教堂周围。为了去到那里，我不得不背着所有设备走了1.6千米。因此轻装上阵是有好处的。

1　这就是我把相机装在三脚架上拍摄并最后合并的4张照片。先拍摄主体强纳森，着重帮他找到位置、摆好姿势。拍摄用的是便携式闪光灯头，带有一个大型的软箱配件，光向着远离照相机的右侧打。之后把相同的灯放在三个其他位置，使用无线同步工具打闪光，照亮了这偏僻的小教堂。

2 为了创作出最终照片，选中第1步中显示的4张照片，并在Lightroom里选择"照片"→"在应用程序中编辑"→"在Photoshop中作为图层打开"。这样文件就在Photoshop中以分图层文档的形式被打开了。然后选中所有图层，来到Photoshop"编辑"菜单，选择"自动对齐图层"。如果相机在三脚架上没有移动的话，这一步也就不需要了。但是当拍摄多张照片并且相机三脚架所在平面不稳定的话，几次曝光之间出现移动的可能性还是有的。我在人像图层上方添加空白图层，用修复画笔移去了前景中的植物茎叶。我让图层2可见（隐藏图层3和图层4），按住Alt键的同时单击添加图层蒙版按钮（圈出处）加入填充黑色的图层蒙版。我把教堂后墙的光刷白，以使其能够显示。我在其他两个图层上这样重复操作，最终效果看起来就像有多个闪光灯头同时工作一样。

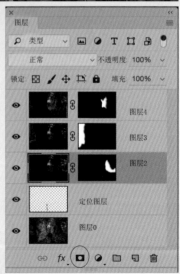

移除公共设施

　　并不是总能找到干净的角度拍摄照片，使镜头前没有任何东西阻挡。虽然可以等场景里的车或人离开，但是对于灯柱或红绿灯的阻挡就没办法了。幸运的是，可以通过多角度拍摄和合成来移除前景中的异物。要做的就是略微偏离原先角度拍摄两张或以上的照片。下面两张照片拍摄距离相差 1 米，使用的是相当于搭载 28mm 镜头的全画幅相机（如果所用镜头的视角比这更大的话，这个手段就不一定能取得良好效果）。然后用 Photoshop 对齐了照片，添加图层蒙版移走灯柱。

1　开始前，我在视角稍有差异的两处拍摄了两张照片。视角的差异度是由公共设施进入视野的程度和公共设施与后方主体之间的距离决定的。多数情况下，两张应该就够了。我在 Lightroom 里打开"照片"菜单，选择"在应用程序中编辑"→"在 Photoshop 中作为图层打开"。

2 在Photoshop中，选中两个图层，来到"编辑"菜单，选择"自动对齐图层"。这样就打开了自动对齐图层对话框，选择其中的自动投影选项，不勾选两个镜头校正选项，最后单击"确定"按钮。

3 自动对齐的过程中，选中的图层会被对齐，但不会被混合。通过调节顶层图层可见开关，能够查看自动混合的结果。在本例中，对准并非100%完美，顶层图层可见与不可见的切换中，可以看到灯柱改变了位置。

4 激活顶层图层的同时，按住 Alt
键，单击图层面板的添加图层蒙版按
钮。这样图层蒙版会被自动填充黑色，
隐藏图层内容。通过在蒙版上刷白色，
可以有选择地涂刷顶层图层的内容来
隐藏灯柱。

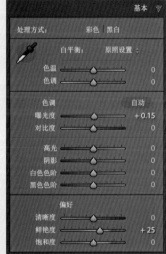

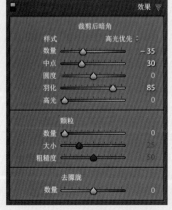

5　在第4步取得满意的蒙版效果后，我又新建了一个空白图层，放在所有图层上方，移去了屋顶上的电视天线。然后选择"文件"→"保存"，并把文件加入Lightroom目录。在Lightroom里，我用镜头校正面板进行自动Upright校正。在基本面板里，我略微抬高高光度，加入鲜艳度。接下来，我通过效果面板增添暗化裁剪后暗角效果。最后，我选择渐变滤镜，给天空加入一丝蓝调，并在建筑物侧边也添加渐变滤镜进行提亮。

图层混合模式

在Photoshop中处理多图层图像时，有许多图层混合模式可以选择。比如，正片叠底混合模式可以用来重叠图层，就像一张照片上放了一张透明照片；滤色混合模式可以用来提亮照片，效果类似于在相机中进行双重曝光；还有其他模式，比如，叠加、柔光和强光，会根据基层图层的图像内容来选择叠加颜色还是过滤颜色。接下来这个教学例子会演示如何用变亮混合模式创造性地合并图像。

合并烟花照片

这里的目标是合并一系列烟花照片，创造一幅大型的烟花展示图像。源照片拍摄时相机都放在三脚架上，感光度ISO为100，快门速度为4秒，光圈为f/9.0。由于每次烟花绽放时的曝光度都是正确的，在选择特定照片、取得更佳的合成图像方面，我的自由度更高。为了实现这一点，我使用变亮混合模式来把图层混合在一起。这样就能一点点合并单张烟花照片。合并4张图像以上且不影响黑色夜空是有可能的，但这里，4张就足以取得理想的结果。

1 这是一张烟花近景图，在Lightroom/Camera Raw修改照片模块打开，使用默认色调设置。

2 在基本面板里，把高光滑块拉到-62，这样就能显示出烟花尾部的更多色调细节信息。我还调整了阴影、白色色阶和黑色色阶滑块来达到最佳色调平衡。然后在偏好部分，把清晰度提高到+24来加强中间调反差，同时也给烟花尾部增加更多细节。接下来，把鲜艳度调整到+59，提高色彩饱和度。

基本 ▽
处理方式： 彩色 | 黑白
白平衡： 原照设置
色温 3400
色调 −5
色调 自动
曝光度 + 0.20
对比度 + 39
高光 − 62
阴影 + 53
白色色阶 + 24
黑色色阶 − 21
偏好
清晰度 + 24
鲜艳度 + 59
饱和度 0

3 我从烟花系列照中选出4张，全部按照第2步中的设置进行调整。

4 在Lightroom"照片"菜单，选择"在应用程序中编辑"→"在Photoshop中作为图层打开"。这样就建立了分图层图像，最上方图层遮挡住了下方三层。

5 把上面3个图层的混合模式设为变亮。在本例中,第二图层仅仅和底部图层混合。

6 在这一步,可以看到顶部3层图像用变亮混合模式合并后是怎样的效果。

7 把第6步的所有图层合并，在合并图层上方添加新的空白图层，然后用污点修复画笔（选中所有图层）移除不需要的光线轨迹。加入两个树木轮廓图层，混合模式为正片叠底，这样树看起来就在前景中，以帮助照片找到轮廓。

对焦堆叠

可以用 Photoshop 创作对焦堆叠图像。这里介绍的 Photoshop 方法可能与专门的软件比如 Helicon Focus 的效果不完全相同，但使用 Photoshop 方法依然能取得不错的结果。这里介绍的技巧在风光摄影和一些类型的微距摄影中尤其有用。

拍摄时景深是由若干因素决定的，比如光圈大小、镜头焦距和用镜头对焦时离得有多近。大景深的照片往往使用短距镜头，比如广角镜头和/或小光圈拍摄的。对焦堆叠技术，就是拍摄一系列照片，进行对焦包围，然后用电脑软件（本例中是 Photoshop）来合并最锐利的部分，这样创造出的图像每一部分都是清晰的。也就是说，如果用长焦距镜头拍摄对焦包围照片，得到的景深会比以往大得多。

景深合并技术成功的关键在于拍摄原照时是否仔细。拍的越多，最后质量越高。关键是要一点点、慢慢地调节对焦。可以设置一些无线相机控制设备来对镜头对焦进行平均的、递进式的调整。这样拍摄对焦堆叠系列照片的过程就自动化了。**图6.4**显示了 CamRanger 的 iPhone 界面，可以用它控制相机对焦设定。这张截屏显示的是设置对焦堆叠拍摄顺序的对焦调节控件。

图6.4 CamRanger 应用的 iPhone 界面，显示的是对焦堆叠空间

1 Lightroom 中，选择一组对焦堆叠照片，然后来到"照片"菜单，选择"在应用程序中编辑"→"在 Photoshop 中作为图层打开"。

2 这样9张选中的图像就在Photoshop中以分图层形式打开。选中所有图层，来到"编辑"菜单，选择"自动对齐图层"，然后选择自动投影选项。我没有勾选两个镜头校正选项，最后单击"确定"。

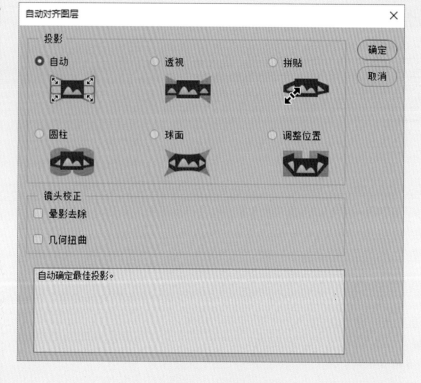

3 这样图层就被对齐了，每个图层的对焦点都是场景中的不同部分。这张截屏显示了对焦最近的图像。下面这一步是混合，很重要的一点是要选中所有图层。

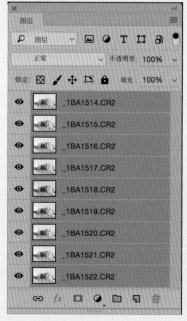

4 可以看到，在这一图层的近景细节中，背景里的房子是在焦外的。

5 在这里，能看到同一个图层的底部近景，焦点对在了前景模型树上。

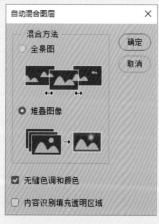

6 下面就要把图层照片混合在一起。我又来到"编辑"菜单，选择"自动混合图层"，并单击选中"堆叠图像"，还要勾选"无缝色调"和"颜色"选项。为了取得最好的效果，在自动混合图层前进行自动对齐也很重要。

图层

类型

正常　　　　不透明度 100%

锁定　　　　　　　　填充 100%

_1BA1514.CR2
_1BA1515.CR2
_1BA1516.CR2
_1BA1517.CR2
_1BA1518.CR2
_1BA1519.CR2
_1BA1520.CR2
_1BA1521.CR2
_1BA1522.CR2

7 到这一步,可以看到,照片从前景到背景每一处都很锐利。看堆叠图层会发现,每一个图像图层都被添加了蒙版,这是自动混合处理的结果,这样每个图层只有最锐利的地方才是可见的。

第7章
黑白转换

几个转换图像的窍门

7

从彩色到单色

　　创作黑白照片的最佳方式是用 RAW 格式拍摄图像，然后用 Lightroom 进行彩色到黑白的转换。这样在处理原始彩色图像时就有充分的灵活度，能随心随欲。可以在后期阶段决定图像的各个细节，这与在相机中设置 JPEG 模式直接拍摄黑白照片完全不同。在拍摄时就把黑白转换效果确定下来不是一种好的做法，一些只能拍摄原始黑白照片的专业相机也同样有类似的缺陷，即会无法在黑白转换阶段调整色彩混合。但此类相机有一个明显优势，即单色彩通道的传感器与相似尺寸的拜尔模式传感器相比，能捕捉更多的细节。拜尔模式中，4 种颜色的感光单元收集到的数据必须经过去马赛克才能形成全色彩图像 (然后再被转换为黑白)。然而，考虑到普通高分辨率的四色传感器能带来的图像质量，单通道传感器的优势也就没那么明显了。最重要的还是如何把色彩信息转化为黑白。可以用 Photoshop 的黑白图像调整，但我发现 Lightroom 和 Camera 的 HSL/ 颜色 / 黑白面板更加直观。本章中将会展示如何使用 Lightroom 进行主要转换，以及如何使用 Photoshop 创造出复古风的照片。

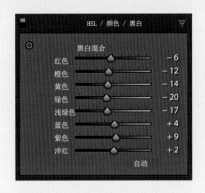

图7.1 HSL/ 颜色/黑白面板控件

注意：

　　全色彩图像是由三条灰阶通道构成的：红、绿和蓝。

---

1 这张照片是以彩色RAW格式文件拍摄的，这里显示的是它的基本面板默认设置。

HSL/ 颜色 / 黑白面板

　　要把彩色照片转为黑白，可以单击基本面板的"黑白"按钮，使用快捷键V或者来到HSL/ 颜色/黑白面板（见**图7.1**）并单击顶部的"黑白"按钮。无论选择哪种方式，软件都会根据白平衡设置自动转化。在基本面板和HSL/ 颜色/黑白面板之间不断切换的话，会发现每次调整色温和色调滑块并转化为黑白后，默认的自动黑白混合滑块设置也会变化。

　　手动调整黑白混合滑块可以改变红、绿、蓝色彩通道中所包含的灰阶信息。比如，把红色滑块拉到最右边，这样就会使红色通道比绿色和蓝色通道包含更多信息，而红色在最后的黑白图像中会显得更亮。如果把绿色滑块拉到最左边，绿色会变得更暗。调整其他滑块的同时，那些颜色也会相应变得更深或更浅。选择目标调整工具（见**图7.1**中圈出处）后，可以通过单击预览图像来选择需要调整的目标颜色，然后向上滑动减淡，向下滑动加深。

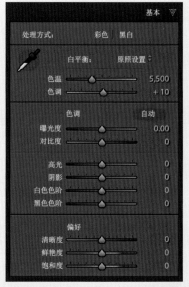

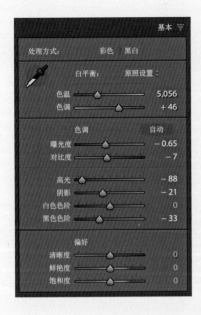

2 我在基本面板中调节了白平衡来使色彩变得更加自然。然后我调节了色调滑块，让彩色图像达到理想的色调平衡。

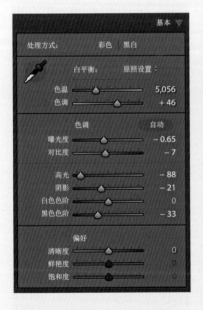

3 这一步中，我单击"黑白"按钮（圈出处），把照片从彩色转换为单色，这里的黑白转换设置是软件默认的，软件也自动改变了HSL/颜色/黑白面板里的滑块。

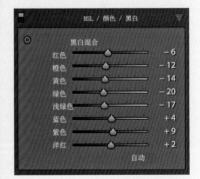

4 在基本面板中，把清晰度拉到 +50。这样增加了中间调对比，加强了树木的质地细节。在 HSL/颜色/黑白面板，选择目标调整工具，单击树干，向下拉以加深。然后单击树叶，向上拉以减淡。

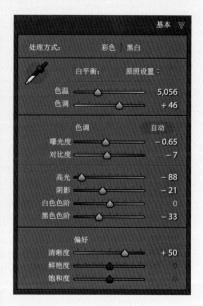

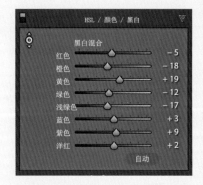

5 接下来选择渐变滤镜，在图像顶部单击，向下拉动，调暗图像上半部分。我又通过渐变滤镜调节曝光度，把照片左侧进一步调暗。

6 最后展开分离色调面板，调节滑块，往照片中加入棕褐色色调效果。

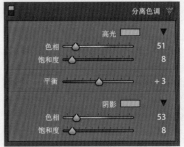

注意

　　术语"分离色调"来自传统黑白暗房处理过程，即通过若干化学浴，可以给阴影和高光部分分别上色。

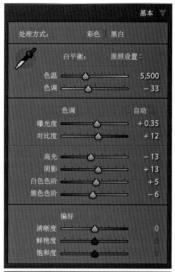

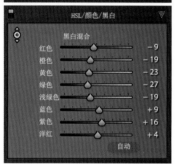

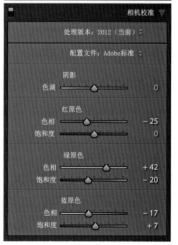

图7.2 黑白转化时主要使用的几个面板

增强黑白效果

　　调整黑白混合滑块，就能创造出各种黑白效果，但是还有其他面板的滑块也会影响黑白转换的输出，如**图7.2**所示。之前提到过，自动黑白混合滑块设置与白平衡有关。因此同时开启基本面板和HSL/颜色/黑白面板是很有帮助的，可以轻松地在黑白混合滑块和色温色调滑块中切换。比如说，需要编辑的场景中含有很多绿色植物，把色调滑块拉到-150会使场景中的绿色变淡。此类调整可以用于营造黑白红外线胶片摄影感。

　　然而，把黑白混合滑块拉到极限后，会遇到一些问题。比如说，你想调暗蓝色和青色，这样天空会更暗。那么第一个问题就是噪点。蓝色通道往往是噪点最多的，把天空调暗后任何噪点都变得很明显。这个问题的严重性是由原照的质量和曝光决定的。另外要小心色彩反差最大的两个区域的临界，比如绿树和蓝色的交接处，调暗蓝天或调亮树木都会引起交接处的光晕。如果发生了该问题，那最好是把黑白混合滑块的调整减弱一些，不要那么极端。

相机校准面板

　　如果天空无法调得足够暗，或者需要草地显得更加亮，那么就可以使用相机校准面板改变Lightroom的黑白转换。可以通过调整红原色、绿原色、蓝原色和饱和度滑块来达到这个目的。

　　与黑白混合控件相比，相机校准面板的滑块用起来更复杂。这是因为每个原色必须找到最佳的色相和饱和度平衡。这就意味着要在各个滑块中间来回辗转很久才能确定最佳设定。你会发现这些滑块的调整结果与设想的不一致。比如说，绿原色对蓝色天空的影响比蓝原色大。如果花时间好好研究这些滑块的话，黑白转换效果会更自然，色调对比也会更好。下面这个例子展示了如何优化风景照中的天空对比。

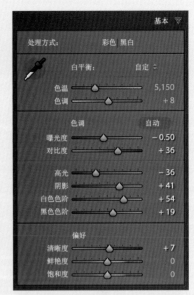

1　我在 Lightroom 里处理过这张图像，我使用基本面板控件优化了饱和度和对比度。

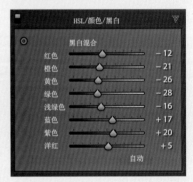

2　在这一步中，展开 HSL/颜色/黑白面板，单击"黑白"按钮，将图像转为黑白。这样软件会根据基本面板中的白平衡设置进行自动转换。

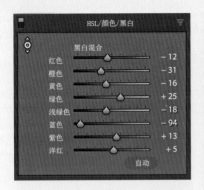

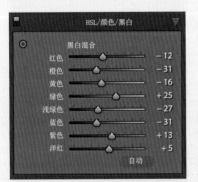

3 为了调暗天空，我选择了目标调整工具（圈出处）。我把鼠标指针移到天空上，单击并向下拉以调暗。这样就改变了初始的黑白混合设置，蓝色滑块值变成了负数。

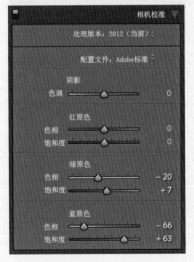

4 在第3步的调整中，我成功调暗了天空，但是云也被调暗了。在这一步中，我撤销了一些蓝色调整，并改变相机校准滑块来调暗天空，与此同时保留了云的对比。

5 在最后一步中，展开分离色调面板，添加分离色调调整，给高光加入暖色，阴影加入冷色。我保持了低饱和度，因为我希望色彩效果是柔和的。如果想查看色相更饱和时的样子，可以按住Alt键的同时拖曳色相滑块。这能帮助你预览最后的结果，同时不改变饱和度那微妙的平衡。中间的平衡滑块能用来偏移阴影和高光之间的色调分离调整。在这步中，我把平衡滑块放在+85。这意味着分离色调调整更倾向于高光。有趣的是，即便高光和阴影的色相滑块相同，平衡滑块仍然对整体分离色调效果有细微的影响。

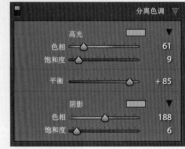

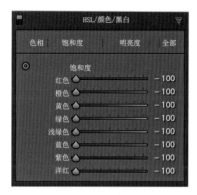

图7.3 HSL/颜色/黑白面板在HSL模式下选中饱和度选项卡并把滑块都设置在-100

小贴士

为了让过程更加简单，可以在修改照片模块下的预设面板，把当前色彩调整保存为新的预设。

减饱和度 HSL 调整

另外一种黑白转换的方法是使用这里介绍的HSL减饱和度法。一般情况下，黑白转换后，基本面板的鲜艳度和饱和度滑块都是失效的。但如果用这里的方法，两个滑块会处于激活状态，可以被用于深入修改黑白转换。

要进行此类转换，先要展开HSL/颜色/黑白面板（见**图7.3**），单击饱和度选项卡，把所有色彩滑块都拉到-100。这样就能把图像转成黑白，同时还完全可以使用**图7.4**中显示的控件。基本上，可以向使用黑白混合滑块一样使用HSL/颜色/黑白面板的明亮度滑块。还可以通过目标调整工具在图像上的单击拉动来调暗或者提亮。

鲜艳度和饱和度滑块激活后，就能对黑白转换进行更细微的控制。增加鲜艳度或饱和度会增强黑白转换设置，减少则会减弱它。这意味着，可以用明亮度滑块来达到理想的色彩混合色调，然后把鲜艳度滑块当成强度滑块，增强或压制整体效果。这比分别单独调整滑块简单快捷很多。

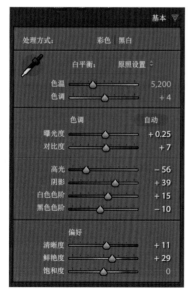

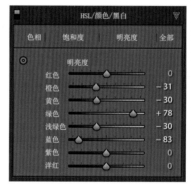

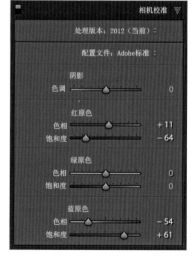

图7.4 修改HSL减饱和度黑白图像的面板控件

1 原照片是在一个雾蒙蒙的清晨在一片蓝风铃森林里拍摄的，在这里用基本面板的默认设置处理。

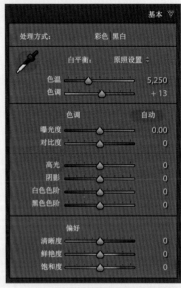

2 我用基本面板的设置来加入更多对比，主要使用白色色阶和黑色色阶滑块来拉伸直方图，创造出更全面的色调范围。然后我用**图7.3**所示的设置将图像减饱和度。

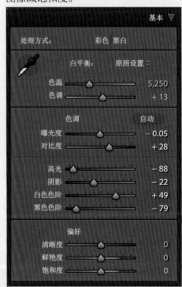

3 在HSL/颜色/黑白面板中，单击明亮度选项卡，调整滑块，对黑白转换进行自定义修改。

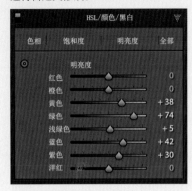

4 原图中的颜色非常柔和，因此回到基本面板增加鲜艳度到55来加强第3步中的明亮度设置是有帮助的。我还添加了+100的清晰度。

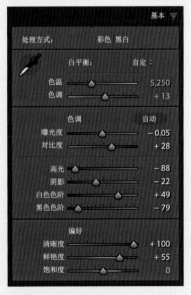

5 　基本面板和HSL的滑块调整加强了黑白转换效果。蓝风铃看起来比默认黑白转换中更亮。最后，在分离色调面板，添加分离色调效果，给阴影添加绿/蓝色，给高光添加蓝/洋红色。

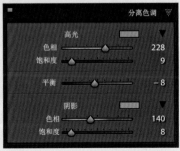

分离色调

高光
色相　　　　　　　228
饱和度　　　　　　9

平衡　　　　　　　−8

阴影
色相　　　　　　　140
饱和度　　　　　　8

注意

添加和保存图形图像作为身份标识预设时，身份标识编辑器默认创建的预设是为了代替左上方标准Lightroom身份标识图标。因此，你会看到警告对话框，建议缩小文档。如果要用此预设作为打印、幻灯片放映或Web模块中的叠加，可以安全地忽略它。

添加边框叠加

打印模块下的页面面板中有身份标识选项，单击**图7.6**所示截图中圈出的箭头，就能选择添加身份标志叠加。在下拉菜单中选择编辑后，就能打开**图7.5**所示的身份标识编辑器，可以载入图形，比如说高分别率的照片边框图。**图7.6**展示的是打印预览中的宝丽来边框图像，已利用页面面板控件将其缩放。

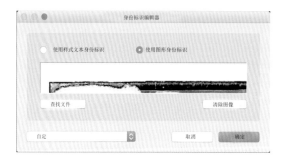

图7.5 身份标识编辑器对话框

图7.6 打印模块页面面板内添加自定义身份标识控件

创作复古风黑白图像

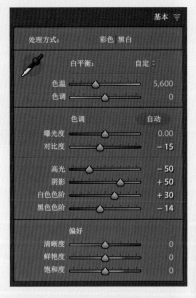

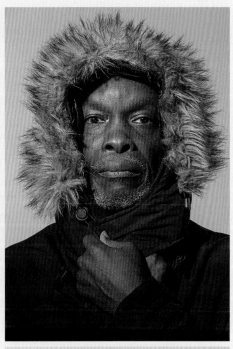

1 原图是彩色人物像，已经过Lightroom优化色调范围。

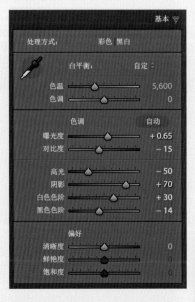

2 继续在基本面板里，单击"黑白"按钮，将图像转为黑白。我调节了曝光度设置，让照片更亮一些。

3 这一步中，打开HSL/颜色/黑白面板，手动调整黑白混合滑块。目的是修改黑白转换后的颜色，弱化色调反差。

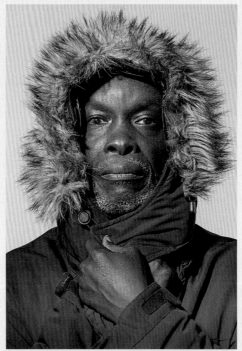

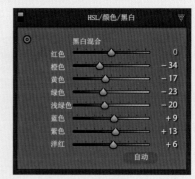

4 19世纪的相机镜头在越往画幅边缘的地方锐化程度越低。为了模拟这一效果，我在外部区域（即红色叠加区域）添加径向滤镜，将锐化程度设为-100，清晰度设为-48。然后右键单击径向滤镜编辑标记，选择复制，在原位复制了径向滤镜。这有效地添加了双重锐化程度柔化效果。还可以再复制一次来取得更柔和的效果，但当滤镜添加多次之后，柔化的效果不会再增强。

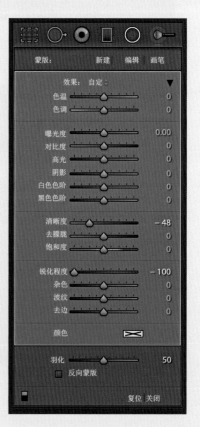

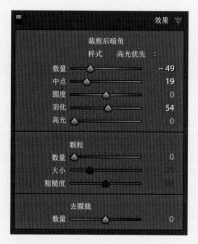

5 在效果面板，我添加了高光优先的裁剪后暗角效果以暗化图像四角。之后，选择"照片"→"在应用程序中编辑"→"在Adobe Photoshop中编辑"，为下一步做好准备。

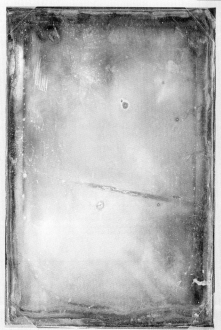

6 同时，我在Lightroom中找到了这里的两张照片，选择"照片"→"在应用程序中编辑"→"在Adobe Photoshop中编辑"。它们被用作质地和颜色图层。

7　在Photoshop中，选择黑白质地图像，按住Shift键的同时用移动工具拖动，把它作为图层放在人像图层上方。我把该质地图层重命名为"锡版照相"，把图层混合模式改为叠加。我还把不透明度改为68%。如果你是在对自己的图像做这类处理，可以对质地图层添加图层蒙版，如果质地图层的某处遮盖了照片的重要部分，可以通过刷黑该部分将其隐藏。

8　然后选择有色质地图像，再一次按住Shift键，用移动工具拖动，将其放在所有图层顶部。这里我把图层混合模式设为颜色，不透明度为86%。这样就给已经有一些质地的图像增添了生锈的感觉。

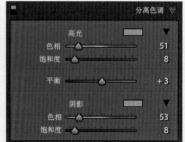

9 完成了上述工作之后，我在Photoshop中保存图像以便自动保存进Lightroom目录。回到Lightroom，选中这张照片，在修改照片模块里使用分离色调面板。调整滑块，给最后的图像增加棕褐色的分离色调效果。

图7.7 打印模块下的打印作业面板

黑白打印输出

黑白打印与彩色打印并无太大区别，只有几点需要考虑。直接从Lightroom打印，可以在打印模块下的打印面板（见**图7.7**）进行设置。在这个特定的例子中，我选择在爱普生打印机上用特别光滑的精细艺术照相纸打印。在这里，我启动了打印锐化，将其设为标准，为了锐化处理效果还将纸张类型选择为亚光纸（以匹配精细艺术照相纸亚光效果）。除了用打印机管理打印，我还为纸张类型选择了预先订好的配置文件；渲染方法是可感知，打印黑白照片一般都选择可感知。

输出色调范围

黑白照片中最重要的就是色调范围。在打印的过程中，色调范围不可避免地会被压缩，尤其是在精细艺术亚光照相纸上打印时。所以，尽管不需要担心颜色，用修改照片模块的软打样来查看打印预览效果也是很重要的。打开软打样预览，可以进行更多色调调整，这样能建立虚拟副本并保存为主图像的打印版本。软打样预览能引导你精调图像。比如，一张黑白照片在亚光纸上打印出来后会显得没有反差。这是因为打印输出缩小了色调范围。为了补偿色调范围，可以增加清晰度以提高中间调反差。另外，如果在普通打印的情况下，显示器上打印预览中的亮度与打印出来的亮度不同，可以勾选"打印调整"以调整亮度或对比度。

最佳质量与打印寿命

一些专门的灰色油墨组可以代替一般打印机所使用的普通彩色墨盒。比如，Piezography K7和K8油墨与一些爱普生Pro喷墨打印机是兼容的。针对不同的打印纸，油墨有不同的配方，所需要的光栅图像处理器也不同（英文简称RIP）。这种打印方式的好处是，它是通过对不同明暗区域进行相应的灰色油墨重复覆盖而打印的，并非像普通操作系统的打印机驱动一样，改变油墨大小来打印。Piezography还生产纯碳油墨。这些油墨打印的照片经过一段时间的褪色率低于5%。这些色彩损失基本看不出来，和普通彩色墨水的打印表现相比，这种墨水非常适用于需存档的照片。

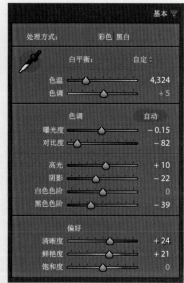

1　这张彩色照片已在Lightroom里优化过，取得了色彩输出的最佳色调和色彩平衡。然而，在彩色照片中看着不错的地方，转化为黑白照片打印输出后就不一定那么好了。

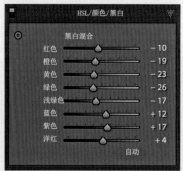

2　在这一步中，单击基本面板的"黑白"按钮，把照片转为黑白。软件根据目前的白平衡自动添加了这里显示的黑白混合调整。

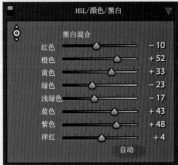

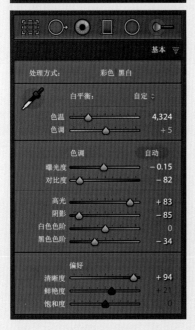

3　接下来，勾选"软打样"选项，用精细艺术亚光纸配置文件形成软打样预览。选择可感知渲染方法，勾选"模拟纸墨"。软打样预览显示图像打印出来会缺少反差。

4　这就体现了软打样的重要性。调节黑白混合滑块来取得更加好的黑白转换，我还调整了基本面板的高光和阴影滑块，加入更多整体对比，并把清晰度设在+94。现在我可以自信满满地使用第3步中选中的精细艺术亚光纸打印，并取得很好的打印效果。

第 8 章
修饰

用 Lightroom 操控图像

8

用数字作画

    Lightroom 是从 Camera Raw 发展而来的 RAW 文件处理器和图像管理软件。早期的版本中有基本的污点去除工具，可用以进行简单的图像修饰，但是性能有局限性，要做细致的编辑总需要把照片导入 Photoshop。但是现在 Lightroom 的性能比以往得到了很大提升。当前的污点去除工具速度明显更快，可以用来进行画笔拖曳污点去除或者圆圈污点去除。使用调整画笔时，可以控制不透明度、大小和羽化程度，另外用 Wacom 绘图仪时可以通过给笔施加不同压力来控制不透明度。

    在 Lightroom 里的修饰工作实质上是以命令形式存储到文件的元数据中。可以在图像编辑过程中的任何时间做图像修饰，所做的修饰是可编辑的。这就意味着随时可以回来改变图像在 Lightroom 修改照片模块的设置。比如，我的 Lightroom 目录里还有数年前使用 Process 2003 编辑的照片。如果我想把照片更新到 Process 2012，再添加一个透视校正，那么随着我的不断操作，原先的污点去除编辑也会自动更新。Photoshop 则不同。如果把渲染后的像素图像导入 Photoshop，等于是在编辑一张带有编辑过程中的某一时间点设置的截图，无法享受 Lightroom 带来的灵活度。

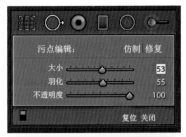

图 8.1 仿制模式（上）和修复模式（下）的污点去除工具面板控件

污点去除工具

利用污点去除工具（见**图8.1**）可在Lightroom里以非破坏性的方式修饰照片。可以使用仿制和修复模式移除尘斑、污点和更大的不规则图形，所做的调整都可以修改或者完全撤销。

单击污点去除工具就能创建一个目标修复圆圈点并会自动选择仿制取样源。单击并拖曳则能创建目标修复画笔区，软件同样会自动选择一个具有相同形状的区域作为仿制取样源（见**图8.2**）。圆圈点叠加代表添加的圆圈点，编辑标记代表画笔区。它们可以通过工具栏或者按H键隐藏。

无论是单击还是拖动，Lightroom都会自动决定最佳的取样源。如果对自动选择结果不满意，可以按住/键重新取样，直到满意为止。如果还是不满意，希望能手动编辑圆圈点和画笔区，可以单击选择一个叠加。这样就能显示目标修复区域和取样源，单击取样源后拖曳就能手动定位更好的取样源。编辑圆圈点时，还可以通过按住Command键（Mac）或Ctrl键（PC）、单击拖动来定位目标修复点和取样源。

图8.2 这张图像上包含圆圈点和画笔区。细节图显示了画笔修复区（左）和圆圈修复点（右）。粗线条代表修复区，细线条则是取样源

复杂污点去除修饰

这张照片由安吉拉·迪·马蒂诺拍摄于柬埔寨吴哥窟的塔布隆寺。原图有半挡左右的曝光不足，但因为高光和阴影处的细节充足，依然可以充分优化场景中的重要区域。最大的问题是如何移除多余的元素，比如照片底部的游客。一种方法是从相同视角拍摄一系列照片然后在Photoshop中对齐，并通过图层蒙版把人移除。另一种方法是使用Photoshop的堆栈模式来自动处理（见第6章的"堆栈模式处理"）。在本例中，我借助Lightroom的污点去除工具来移除人和高空电缆。

1 首先，用Lightroom打开JPEG格式原图。这里展示的是默认基本面板设置的原图。

2 我增加曝光度的同时把高光调到-100以尽可能保留云的细节。然后展开HSL/颜色/黑白面板，在明亮度区域里，向左拖曳蓝色滑块以调暗蓝色，给天空加入更多对比。我还调暗了绿色，减少树叶边缘的光晕，并向右拖曳橙色和红色滑块以提亮树干。

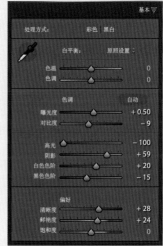

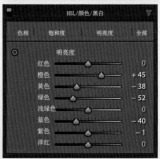

3 现在的问题就是如何处理场景里的高空电缆和人。选择污点去除工具，在修复模式下，一点一点仔细涂刷被电缆遮盖的区域。然后先单击一处，再按住Shift键单击另一处，这样在两点之间笔直地画过一笔。

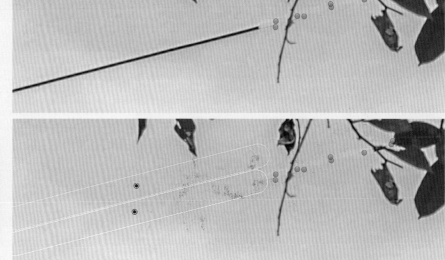

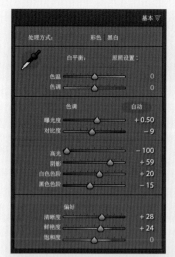

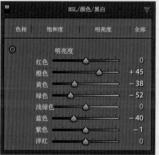

4 这里是经过基本面板和HSL/颜色/黑白面板调整、移除电缆后的照片。

5 继续用污点移除画笔的修复模式移除底部的人和其他物体。

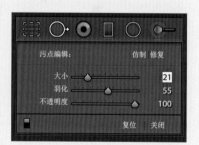

6 最难的是移除树干前面的两个人。这需要用污点去除工具仔细处理。一开始我用了仿制模式，然后又用修复模式来清理仿制模式的修饰。

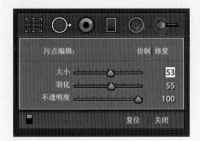

7 这是移除了底部的人、柱子和绳索围栏之后的照片。到目前为止，我加了许多污点去除编辑，因此，污点去除工具的反应慢了下来。这是在 Lightroom 里做大量修饰工作的一个劣势。

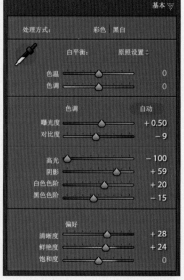

8 在色调曲线面板，我进行了一些调整，在高光中加入了更多对比，提亮了阴影。同时，在效果面板添加暗化裁剪后暗角效果。修饰都是在Lightroom中进行的，因此所有操作（包括污点去除）完全可以再编辑。

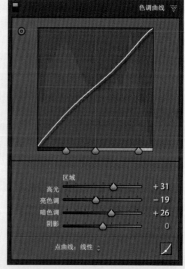

色调曲线

区域

高光	+ 31
亮色调	− 19
暗色调	+ 26
阴影	0

点曲线：线性

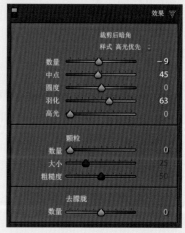

效果

裁剪后暗角
样式 高光优先

数量	− 9
中点	45
圆度	0
羽化	63
高光	0

颗粒

数量	0
大小	25
粗糙度	50

去朦胧

数量	0

注意

如果通过单击添加圆圈点或者通过拖动添加画笔区来进行污点去除编辑，这些编辑是自动选择取样源模式下的，同步方式与文中提到的相同。如果按住 Command 键（Mac）或者 Ctrl 键（PC），再单击拖动来手动定义圆圈点的取样源，那么目标修复点和取样源的关系在同步污点去除设置时会被固定下来。同样，如果拖动创建了画笔区，再手动改变了自动选择的取样源，那么目标修复区和取样源的关系也会在同步时被固定。

图 8.4 "同步"按钮上有一个开关，可在"同步"和"自动同步"间切换

显现污点

选中污点去除工具后，可以勾选工具栏中的"显现污点"选项，它位于修改照片模块图像预览的正下方（见**图 8.3**）。勾选后会显示阈值模式的预览，与细节面板里的蒙版滑块阈值预览类似。这种模式能强化照片的边缘，通过几个滑块控件还能调整阈值。这样一来定位照片中的传感器尘斑会变得更容易。

图 8.3 修改照片模块工具栏中的"显现污点"选项和滑块控件

同步污点去除设置

因为圆圈点和画笔区编辑是以命令形式保存在元数据中的，所以可以把一张照片的污点去除设置同步到多张照片上。这个功能特别有用，尤其是当有很多照片需要做污点去除而它们的传感器尘斑都相同的时候。如果是在 Photoshop 中做修饰，需要在每张图片上都重复污点去除工作。而在 Lightroom 中，只需要修饰一张照片，其他的就会自动同步。另外，当创建目标修复圆圈点或画笔区时，软件会分析周围的图像，自动选择取样源。同步污点去除设置时只会同步目标修复圆圈点和画笔区，然后 Lightroom 会自动计算每张照片的取样源。也就是说，同步的过程是自适应的。取样源的选择会根据每张照片的内容而变化。

在 Lightroom 中，同步图像有两种办法。第一种是选中照片，然后打开位于修改照片模块面板下方的同步按钮（见**图 8.4**）。在自动同步模式中，应用的修改照片模块设置会自动同步到选中的图像上。另外一种方法是先编辑一张图像，再选中所有照片，单击"同步"按钮，打开同步设置对话框来同步修改照片模块设置。接下来的例子一步步展示了如何使用污点去除工具修饰一张照片，然后再把污点修复设置同步到其他选中的照片上。

从多张图片上去除尘斑

1　我选择了9张风光照片，拍摄时间跨越了好几天，使用的是相同的相机。

2　把每张照片放大后，可以看到有许多传感器尘斑需要移除。这里是第一张照片左上角放大后的样子。

3 为了更好地辨认尘斑，我选择污点去除工具，勾选修改照片模块工具栏中的"显现污点"选项。然后拖动旁边的滑块调整蒙版阈值来让污点更加明显。

4 保持污点去除工具处于选中状态，往每个尘斑上添加圆圈点，必要的时候可改变画笔的大小。这里要指出的很重要的一点，就是我没有手动选择圆圈点的取样源。

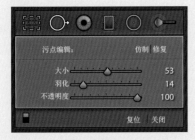

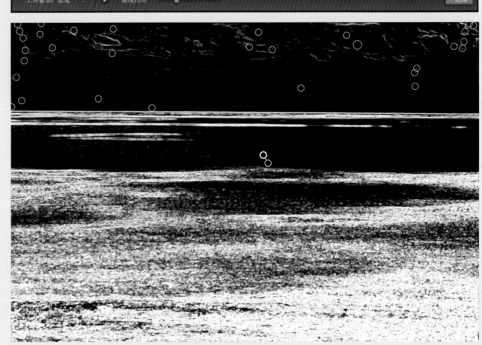

5 这是成功移除全部污点之后的照片效果。

☐ 白平衡	☐ 处理方式（彩色）	☐ 镜头校正	☑ 污点去除
		☐ 镜头配置文件校正	
☐ 基础色调	☐ 颜色	☐ 色差	☐ 裁剪
☐ 曝光度	☐ 饱和度	☐ Upright 模式	☐ 角度校正
☐ 对比度	☐ 鲜艳度	☐ Upright 变换	☐ 长宽比
☐ 高光	☐ 颜色调整	☐ 变换	
☐ 阴影		☐ 镜头暗角	
☐ 白色色阶剪切	☐ 分离色调		
☐ 黑色色阶剪切		☐ 效果	
	☐ 局部调整	☐ 裁剪后暗角	
☐ 色调曲线	☐ 画笔	☐ 颗粒	
	☐ 渐变滤镜		
☐ 清晰度	☐ 径向滤镜	☐ 处理版本 ❗	
		☐ 校准	
☐ 锐化	☐ 减少杂色		
	☐ 明亮度		
	☐ 颜色		

同步设置 ✕

❗ 没有指定进程版本的设置，在传输到应用了不同处理版本的照片时，可能会产生不同的视觉结果。

| 全选 | 全部不选 | | 同步 | 取消 |

6 接下来，我在胶片显示窗格中选中第1步的所有照片，然后选择"设置"→"同步设置"（也可以单击"同步"按钮）。这样就打开了同步设置对话框，我只勾选了"污点去除"选项。

7 同步污点去除设置以后，我在已同步的照片中选择了一张，检查尘斑是否已经被全部成功去除。同
步处理会让Lightroom在与原图目标修复区域一致的位置应用污点去除编辑，但是最佳的取样源会自
动根据每张照片选择。因此，虽然目标修复区域在每张图片上都一样，取样源还是会自动选择的。在
上面所示的截图中，可以看到所有同步后的污点去除编辑叠加。

红眼校正

红眼校正工具可以用于移除主体的红眼。当闪光灯离相机镜头光轴太近时，闪光灯会直接对着眼睛的视网膜闪光，从而导致出现红色瞳孔。在红眼模式中，可以看到**图8.5**所示的指针；把指针放在瞳孔上，使其中间的十字对准瞳孔的中部，然后单击（见**图8.6**），就能校正红眼。这样就自动添加了适应眼睛大小的红眼校正。另外一种方法是单击，从眼睛中间开始拖动来定义需要校正的区域。

宠物眼模式

如果拍的是动物，而闪光源离镜头光轴太近时，也会遇到类似于拍摄人类主体时遇到的红眼问题。然而，动物的视网膜反射是完全不同的。使用宠物眼模式，也可以通过单击，从眼睛中间向外拖动来进行校正，并添加人工反射光（见**图8.7**）。

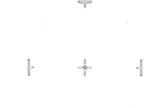

图8.5　红眼指针

图8.6　左图是使用卡片数码相机的闪光灯拍摄的未经处理的版本。右图是红眼校正后的版本，添加在眼睛上的校正设置也是默认的

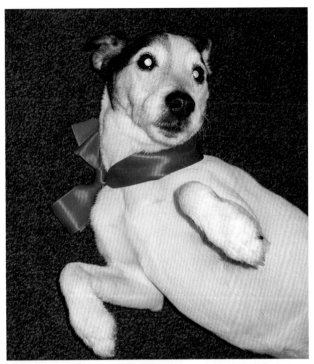
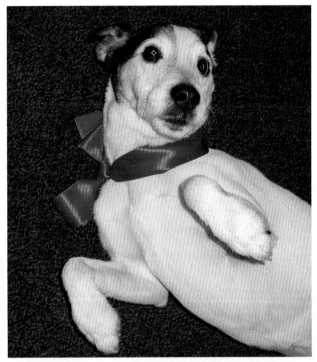

图8.7 左上的照片拍的是宠物狗"饼干",使用了相机自带的闪光灯拍摄,饼干眼睛的反射非常可怕。右上的照片中,我在两个眼睛上添加了宠物眼红眼校正。右下的图像是添加反射光后的最终版本

人像修饰

做复杂图像的编辑工作要使用Photoshop，但是运用Lightroom中的一些工具也能对照片做很多调整。就像之前介绍的，污点去除工具可用来移除多余的污点和物体。调低不透明度之后，这类修饰可以更加精细。比如像**图8.8**中那样设置污点去除工具，圆圈点或画笔区的污点会被淡化，但不会被清除。

调整画笔可以用于提亮或调暗画面，其他一些控件则可以用于上色、减饱和度或者增加对比度。接下来的例子展示了如何使用调整画笔选择性地进行清晰度的调低。如果用的是压敏平板设备，比如Wacom绘图仪，可以通过给笔施加不同的压力来控制画笔的密度。

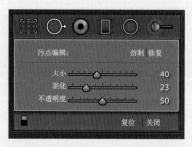

图8.8 污点去除工具设置到更低的50%不透明度

1 这张照片是在摄影工作室拍摄的，使用的是默认修改照片模块设置。

2 在基本面板中调节色调滑块，改善色调的对比。

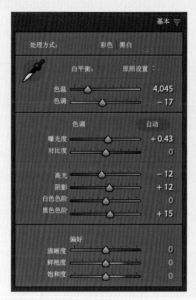

3 在这一步中，展开色调曲线面板，调整色调区域和色调分离区域滑块，加深暗色调，并给高光略微加入一些对比。

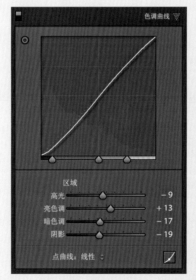

4 然后选择污点去除工具，添加几个画笔区来移除碎发。为了移除皮肤上的瑕疵，把不透明度设在50%，并在修复模式下添加画笔区，其取样源是光滑皮肤的色调。

5 选择调整画笔，把清晰度设在-100。然后仔细在脸上涂刷以软化皮肤色调的质地，没有调整嘴唇和眼睛。

6 -100的清晰度让皮肤看起来太柔软了，于是我又将其调到-35。这样能更多地显示原始的皮肤色调质地。

手动上色

　　第4章中展示了如何使用调整画笔局部调整图像。也可以用该工具给已经转化为黑白的照片上色。具体的操作是：选择调整画笔，确认"自动蒙版"选项已经勾选，单击颜色选择器选择涂刷的颜色。单击照片的目标区域后，目标颜色会被取样，并创建一个选择蒙版来把涂刷限制在相同颜色的区域。我发现使用第7章中介绍的减饱和度HSL调整进行黑白转换可以帮助进行手动上色。在下个例子中你会看到，减饱和度HSL调整能混合原始色彩和涂刷上去的色彩。这个方法还能允许用户调节HSL/颜色/黑白面板里的色相滑块。

1　这是即将用来手动上色的彩色照片。比起原本就是黑白的照片，接下来的方法对于在Lightroom中转换为黑白的彩色照片最有用。

2 把HSL/颜色/黑白面板中的饱和度滑块全部降到最低，图像被转化成黑白，然后选择调整画笔。

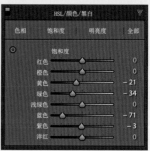

3 单击颜色选择器，选择用橙色来涂刷木屋。我还勾选了"自动蒙版"。这样，随着单击木屋，Lightroom就能自动选择区域，把调整画笔的涂刷区域限制在匹配的颜色区域。

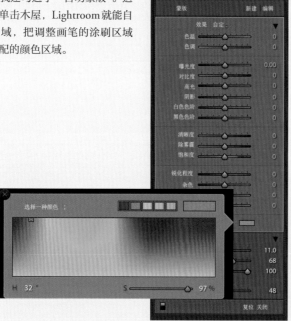

4 接下来单击"新建"按钮，在照片上单击树来新建调整画笔编辑标记。然后打开颜色选择器，选择一种石灰绿色。勾选"自动蒙版"后，我涂刷了树木，把树叶上了色。

5 重复上述步骤，只是这次单击了天空区域来添加调整画笔编辑标记，并选择蓝色涂刷天空（我没有给云上色）。

6 在草地上添加调整画笔编辑标记，并刷上蓝绿色。

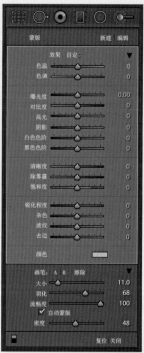

7 接下来，在小路上添加调整画笔编辑标记并刷上黄色。我还在草地上和屋顶下也刷了一些黄色，给这些区域加入一些色彩变化。

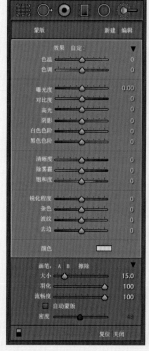

8　为了创作出这里显示的最终版本，我往左边的房子上也加了编辑标记来上色，还重新选择了其他编辑标记以更多地混合颜色。在第2步，我通过将所有饱和度滑块设为-100，把彩色照片转为黑白照片。这使我能重新引入原来的色彩并调整饱和度。比如，这里能再给黄色、绿色和蓝色增加一点点饱和度。我还调整了绿色和蓝色色相滑块来更新原始颜色的色相值。

选择性模糊

　　近几年移轴摄影很流行。有几种办法能实现移轴效果，比如，在相机上装 Lensbaby 镜头拍摄，该镜头能在拍摄时就捕捉到足够的模糊和镜头畸变。另外一种方法是在后期处理中实现。比如，Photoshop CS6 中引入了模糊滤镜，其中包括场景模糊、光圈模糊和倾斜偏移三个控件，可以应用于镜头模糊效果；可以混合使用几个滤镜；在使用倾斜偏移滤镜的情况下，可以应用多个不同的畸变效果，最后的成像很符合装一个此类镜头所能达到的光学特征。

　　在 Camera Raw 和 Lightroom 中还可将工具做局部使用，添加负锐化效果，但这种方式的模糊效果是有限的。在下面的例子中，我用移轴镜头创作了一幅具有全景效果的旧金山夜景图，并使用几个渐变滤镜在图像的顶部和底部添加了模糊效果。

1　在 Lightroom 中选择以上 4 张照片，然后单击"照片"→"照片合并"→"全景图"。

2 这样就打开了全景合并预览对话框。在这里选择透视投影，因为我想确保大楼都能完美竖直。尽管合并后的预览看起来很扭曲，但我能在下一步纠正它。

3 在镜头校正面板中单击手动选项卡，并调整垂直和水平滑块来对齐垂直线及地平线。这样极端的调整还要求调整旋转、比例和长宽比。然后进行裁剪叠加，修理边缘。

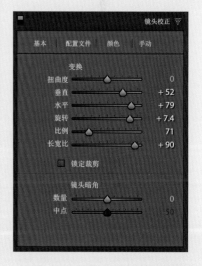

4　在这一步，选择渐变滤镜工具，单击顶部，向下拖动到图像中部。滤镜的设置如截图所示，锐化程度为-100，清晰度滑块设置在-12。然后在底部再次添加渐变滤镜，用的也是负锐化程度和负清晰度的设置。

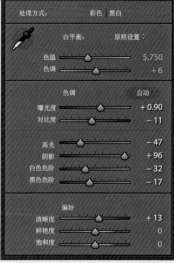

基本 ▽		
处理方式：	彩色	黑白
白平衡：	原照设置 ⌄	
色温		5,750
色调		+6
色调		自动
曝光度		+0.90
对比度		−11
高光		−47
阴影		+96
白色色阶		−32
黑色色阶		−17
偏好		
清晰度		+13
鲜艳度		0
饱和度		0

5　为了加强顶部的模糊效果，用右键单击编辑标记，在弹出的快捷菜单中选择"复制"，这样就能复制模糊调整。然后在底部也重复了这一步。注意，复制模糊调整、增强模糊强度是有次数限制的。随着不断加入负锐化程度调整，模糊程度越来越弱。最后，展开基本面板修改设置，创作出比较明亮的图像。

图书在版编目（CIP）数据

解密Photoshop+Lightroom数码照片后期处理专业技
法 / （美）马丁·伊文宁（Martin Evening）著；张淑
红，郭院婷译. -- 北京：人民邮电出版社，2018.11
ISBN 978-7-115-49035-3

Ⅰ. ①解… Ⅱ. ①马… ②张… ③郭… Ⅲ. ①图象处
理软件 Ⅳ. ①TP391.413

中国版本图书馆CIP数据核字(2018)第179198号

◆ 著　　　　[美] 马丁·伊文宁（Martin Evening）

译　　　　张淑红　郭院婷

责任编辑　张　贞

责任印制　周昇亮

◆ 人民邮电出版社出版发行　　北京市丰台区成寿寺路 11 号

邮编　100164　　电子邮件　315@ptpress.com.cn

网址　http://www.ptpress.com.cn

北京印匠彩色印刷有限公司印刷

◆ 开本：889×1194　1/20

印张：12.8　　　　　　　2018 年 11 月第 1 版

字数：369 千字　　　　　2018 年 11 月北京第 1 次印刷

著作权合同登记号　图字：01-2016-3773 号

定价：99.00 元

读者服务热线：(010)81055296　印装质量热线：(010)81055316

反盗版热线：(010)81055315

广告经营许可证：京东工商广登字 20170147 号